“十三五”职业教育国家规划教材

数字媒体技术应用专业

常用工具软件应用教程

Changyong Gongju Ruanjian Yingyong Jiaocheng

（第 2 版）

龚道敏　主编

高等教育出版社·北京

内容简介

本书是"十三五"职业教育国家规划教材，依据教育部《中等职业学校数字媒体技术应用专业教学标准》，在上一版的基础上修订而成。

本书遵循"以就业为导向，以能力为本位"的指导思想。以"常用工具软件"教学大纲为基础，按照"岗位需求、项目引领、任务驱动、活动实施"的职业教育教与学的理念编写而成，使学生在"做中学，学中做"的过程中形成职业综合能力。

本书以职业岗位的典型案例为基础，将常用工具软件技术分类、分层，由浅入深、循序渐进地融入相关项目、任务和活动之中。本书共分5个项目，内容包括"获取和传递信息""处理图像信息""处理音视频信息""管理磁盘与文件"和"防护信息安全"。每个项目由3～5个任务组成，每个任务都从不同的侧面将一种常用工具软件的应用分解成若干个活动，其设计按照"活动描述"—"活动分析"—"活动展开"—"拓展提高"—"实训操作"顺序构成，充分体现以学生为主体的教学思想。

本书还配套由一线教师精心设置的教学设计、教学素材等网络教学资源，使用本书封底所赠的学习卡，登录 http://abook.hep.com.cn/sve，可获得相关资源，详见书末"郑重声明"页。

本书可以作为数字媒体技术应用及相关专业"常用工具软件"课程教材，也可作为各类职业资格与就业培训用书。

图书在版编目（ＣＩＰ）数据

常用工具软件应用教程/龚道敏主编． --2 版． --北京:高等教育出版社,2019.8(2022.5 重印)
　　ISBN 978-7-04-051996-9

Ⅰ.①常…　Ⅱ.①龚…　Ⅲ.①软件工具-中等专业学校-教材　Ⅳ.①TP311.56

中国版本图书馆 CIP 数据核字(2019)第 097000 号

策划编辑	俞丽莎	责任编辑	俞丽莎	封面设计	王 琰	版式设计 于 婕
插图绘制	于 博	责任校对	张 薇	责任印制	刘思涵	

出版发行	高等教育出版社	网　　址	http://www.hep.edu.cn
社　　址	北京市西城区德外大街 4 号		http://www.hep.com.cn
邮政编码	100120	网上订购	http://www.hepmall.com.cn
印　　刷	北京新华印刷有限公司		http://www.hepmall.com
开　　本	787mm×1092mm　1/16		http://www.hepmall.cn
印　　张	19	版　　次	2014 年 5 月第 1 版
字　　数	470 千字		2019 年 8 月第 2 版
购书热线	010-58581118	印　　次	2022 年 5 月第 4 次印刷
咨询电话	400-810-0598	定　　价	39.00 元

本书如有缺页、倒页、脱页等质量问题,请到所购图书销售部门联系调换

前　　言

本书依据教育部《中等职业学校数字媒体技术应用专业教学标准》编写而成。自2015年出版以来,得到了广大师生的好评和中肯的建议,同时,随着新媒体、新技术、新工具、新终端的广泛应用,本书修订再版迫在眉睫。

在修订本书时,仍然遵循职业教育教学规律,贴近中职学生认知心理和学习习惯,按照职业标准、教学大纲和岗位能力选择适合学生的学习内容。全书按照"岗位需求、项目引领、任务驱动、活动实施"的职业教学理念来组织学习内容。

在修订本书时,整体结构仍然保持"获取和传递信息""处理图像信息""处理音视频信息""管理磁盘与文件"和"防护信息安全"5个项目,每个项目有3~5个任务,每个任务有2~4个活动,每个活动侧重解决信息技术某一个"点"在生活、学习和工作中的应用。但是,本次对内容结构进行了进一步优化,例如,"获取和传递信息"项目中将原来的"收发电子邮件"和"了解即时通信"内容调整为"传递网络信息"和"发布网络信息";将"处理图像信息"项目中原来"制作电子相册"和"制作简单动画"内容删除;将"管理磁盘与文件"项目中的"优化计算机系统"移动到"防护信息安全"项目之中。

在修订本书时,对所有涉及的应用软件均进行了重新筛选或版本升级,将一些已经不再使用的软件删除,添加了一些新的更加实用的软件,特别注重移动互联网终端软件的使用。

在修订本书时,仍然保持了已获专家肯定、师生认可的"大项目""小任务"体例结构,任务具体设计了"情景故事""任务目标""任务准备""任务设计"和"任务评价"等5个板块。板块与活动环节具体安排如下。

※ **情景故事**:围绕该软件应用领域,创设一个真实或接近真实的活动情景,以激发学生开展学习活动的兴趣,促使其积极主动学习。

※ **任务目标**:通过完成本任务应该达到的目标,使学生在开展活动前做到目标明确,有序、有效地活动。

※ **任务准备**:完成本任务需要具备的基本知识与技术,便于活动的开展。

※ **任务设计**:在每一个活动设计过程中,又细分了"活动描述""活动分析""活动展开""拓展提高""实训操作"等环节,具体安排如下。

● 活动描述。紧紧围绕"任务目标",重点突出"情景故事"中的某一个"点",起到分解任务、达成目标、便于教学的作用。

● 活动分析。分析完成本活动需要的方法与技术,引起学生的注意。

● 活动展开。图文结合,详细讲解完成本任务的操作步骤,其中,以"小提示"的方式解决技术方面的难点、技巧和应该注意的问题。

● 拓展提高。拓展环节对学生能力发展有益,内容涉及与本任务关系较紧密的知识、技术,以实现个性化学习的目的。

● 实训操作。紧密结合本活动的知识、技术,设计与学生生活、学习和工作紧密联系且可操作性强的实训内容。

　　※ **任务评价**：紧紧围绕完成本项任务的活动目标,细化若干个指标,形成学生自评、生生互评和教师评价的多元评价体系,小结本任务的活动过程。

　　本书建议总学时为 36 学时,具体学时安排建议如下表,教师在教学过程可以根据学生的学习基础与实际学习状况进行适当调整。

学　时　表

项　　目	任　　务	学　　时
项目一　获取和传递信息	任务一　搜索网络信息	2
	任务二　下载网络资源	2
	任务三　传递网络信息	2
	任务四　发布网络信息	2
项目二　处理图像信息	任务一　捕捉屏幕	2
	任务二　管理图像	2
	任务三　处理图像	2
项目三　处理音视频信息	任务一　播放音视频	2
	任务二　转换音视频格式	2
	任务三　录制屏幕	2
	任务四　编辑音频	2
	任务五　编辑视频	2
项目四　管理磁盘与文件	任务一　管理磁盘	2
	任务二　压缩与解压缩文件	2
	任务三　刻录光盘	2
项目五　防护信息安全	任务一　优化计算机系统	2
	任务二　防治与查杀病毒	2
	任务三　防护文件安全	2
合　　计		36

　　本书由龚道敏主编,在编写过程中得到牟红云、冉芳等多位老师和相关企业从业人员的大力支持。牟红云审阅了全书,在此一并表示诚挚的谢意。

　　本书还配套由一线教师精心设置的教学设计、教学素材等网络教学资源,使用本书封底所赠的学习卡,登录 http://abook.hep.com.cn/sve,可获得相关资源,详见书末"郑重声明"页。

　　本书中所有项目中涉及的所有作品图片版权归原作者所有,素材仅供教学使用,不做其他商业用途,特此说明。

　　限于编者水平与时间,书中疏漏与不妥之处在所难免,敬请广大读者批评指正。编者的联系方式:zz_dzyj@ pub.hep.cn。

编　者

目　　录

I

项目一　获取和传递信息

　　自古以来,人类的生存、发展与信息都有着不解之缘。人们的生活、学习和工作每时每刻都离不开获取信息、传递信息、处理信息和利用信息。

　　语言和文字是人类社会表达和传递信息最基本的工具。造纸术和印刷术的发明使信息表现和存储方式产生了一次重大变化;电报、电话、广播和电视的发明,帮助人们缩短了信息传递的时空距离;以计算机技术为主体的信息技术的发展,将人类社会推入高度信息化的时代,使信息的采集、处理、传递、存储、表达和应用达到了前所未有的水平。

　　为了使我们的生活质量更高,学习成绩更好,工作业绩更棒,提高自身的信息素养是一门终身都必须修习的课程。

　　在本项目中,我们将学会获取信息、传递信息和利用信息。

 项目分解

├ 任务一　搜索网络信息
├ 任务二　下载网络资源
├ 任务三　传递网络信息
├ 任务四　发布网络信息

任务一　搜索网络信息

　情景故事

　　小敏毕业于某市中等职业学校信息技术专业。她凭借良好的信息技术素养和沟通协调能力，被某大公司聘用，主要从事信息收集和处理的工作。除了收集和处理客户与用户反馈的信息外，还需要从网络上收集与本行业相关的新闻活动以及产品销售和发展动态等信息，整理后向总经理汇报。

　　收集和处理信息的工作千头万绪，但小敏却能够做得井井有条——每次汇报后，领导都称赞她工作效率高、信息准确，还请她给其他同事分享工作经验。其实，她除了从本行业权威网站获取信息外，更多的是使用搜索引擎搜索和获取本行业的相关信息。

　　在本任务中，我们将一起使用百度搜索引擎获取信息。

　任务目标

　　1. 知道网络信息获取的途径。

　　2. 能够熟练使用百度搜索引擎获取所需要的信息。

　　3. 掌握搜索方法与技巧，提高获取信息的效率。

　　4. 能够感受到搜索工具给人们生活、学习和工作带来的便捷。

　任务准备

　　因特网上的网页数量每天以几何级数增长，要想快速、准确地获取有用的信息，就需要使用搜索引擎工具，按照一定的方式进行搜索。

　　1. 认识搜索引擎

　　搜索引擎是指根据一定的策略，运用特定的计算机程序从因特网上搜集信息，在对信息进行组织和处理后，为用户提供检索服务，将用户需要检索相关的信息呈现给用户的系统。

　　2. 了解搜索引擎分类

　　按照搜索技术的不同，搜索引擎一般分为全文索引、目录索引、元搜索引擎和垂直搜索引擎等。不同的搜索引擎，其搜索效果也不相同。

　　（1）全文索引。全文索引技术是目前搜索引擎的关键技术，例如百度搜索。它从因特网上提取各个网站的信息（以网页文字为主），建立数据库，并能检索与用户查询条件相匹配的记录，按一定的排列顺序返回结果。

　　根据搜索结果来源的不同，全文搜索引擎可分为两类：一类是拥有自己的网页抓取、索引、检索系统，有独立的"蜘蛛"（Spider）、爬虫（Crawler）或"机器人"（Robot）程序（这三种名称不同，但其基本原理类似),能自建网页数据库,搜索结果直接从自身的数据库中调用,如图1-1-1所示,前面提到的百度搜索就属于此类;另一类则是租用其他搜索引擎的数据库,并按自定的格式排列搜索结果,如 Lycos 搜索引擎。

（2）目录索引。目录索引虽然有搜索功能,但严格意义上不能称为真正的搜索引擎,只是按目录分类将网站链接列表而已。用户可以按照分类目录找到所需要的信息,不依靠关键词进行查询。

（3）元搜索引擎。元搜索引擎接受用户查询请求后,同时在多个搜索引擎上搜索,并将结果返回给用户。例如,360 综合搜索属于元搜索引擎。在搜索结果排列方面,有

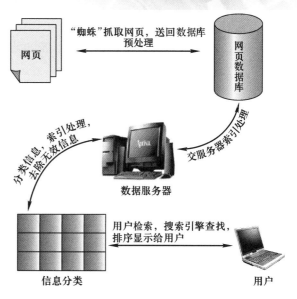

图1-1-1　全文搜索引擎示意图

的直接按来源排列搜索结果,也有的按自定的规则将结果重新排列组合。

（4）垂直搜索引擎。垂直搜索引擎是应用于某一个行业、专业的搜索引擎,是搜索引擎的延伸和应用细分化,例如机票搜索、旅游搜索、生活搜索、小说搜索、视频搜索,等等。

3. 了解百度搜索引擎

百度搜索是目前全球最大的中文搜索引擎,拥有全球最大的中文网页库,目前收录中文网页已超过千亿,这些网页的数量每天正以千万级的速度增长。同时,百度在中国各地分布的服务器,能直接从最近的服务器上把所搜索的信息返回给当地用户,使用户享受较快的搜索传输速度。当用户需要检索信息时,只需要在浏览器地址栏中输入百度网址,即可进入百度网站首页,如图1-1-2所示。

图1-1-2　百度网站首页

任务设计

活动一　用百度获取商机

活动描述

小敏接到领导电话,要求她提供以下信息:"目前有哪些企业成为 2022 年足球世界杯赞助商? 中国有哪些企业参与了这次赞助活动?"

活动分析

由于离 2022 足球世界杯开赛的时间还比较长,赛事官方网站也没有开通,获取相关信息的渠道主要靠相关的新闻网站。世界之大,行业之多,要从各行业新闻网站获取赞助商的信息难度不小。因此,只有通过搜索引擎获取相关信息。

根据小敏领导的要求,使用百度搜索引擎搜索信息时,确定两组关键词即可获取以上信息:"2022 世界杯""赞助商";"2022 世界杯""赞助商""中国"。

活动展开

1. 搜索赞助商

① 启动浏览器程序,进入浏览器界面。

② 在地址栏中输入百度网址。

③ 在搜索文本框中输入"2022 世界杯赞助商",确定搜索关键词。

④ 单击"百度一下"按钮开始搜索,如图 1-1-3 所示。

📢 小提示:百度网络会呈现出与关键词相关的多条信息,用户根据需要选择符合要求的信息即可。

图 1-1-3　搜索赞助商

2. 搜索中国赞助商

① 在搜索文本框中输入"2022 世界杯赞助商　中国",确定搜索关键词。

② 单击"百度一下"按钮开始搜索,如图 1-1-4 所示。

📢 小提示:增加关键词,可以缩小搜索范围。

图 1-1-4　搜索中国赞助商

1. 关键词

关键词(keywords)特指单个媒体在制作使用索引时所用到的重要词汇。在使用网络搜索引擎搜索信息时,可以输入一个或多个词语,甚至一句话,但是根据搜索的信息内容,摄取关键词可以提高搜索效率。如要获取"2022年卡塔尔世界杯"相关信息,我们将一整句直接输入百度搜索文本框中,搜索到2 370 000条相关的信息,如图1-1-5所示,而使用"2022""卡塔尔""世界杯"三个关键词,能搜索到2 540 000条相关信息,如图1-1-6所示。由此可以得出,提取搜索内容的关键词是搜索的重要环节。

2. 了解常用语法

搜索网络信息,除了确定好关键词外,有效利用百度搜索引擎的搜索语法会起到事半功倍的效果。百度搜索常用语法如表1-1-1所示。

图1-1-5 使用"整句"搜索信息

图1-1-6 使用"关键词"搜索信息

表 1-1-1　百度搜索常用语法

操作符	作用	语法规则	用法举例
-	排除	关键词 1-关键词 2	计算机图书-硬件,搜索结果排除"硬件"信息
|	或者	关键词 1|关键词 2	硬件|软件,"硬件"或"软件"信息均满足搜索要求
&	和	关键词 1& 关键词 2	硬件 & 软件,"硬件"和"软件"必须同时出现在搜索结果中才满足要求
""或《》	精确匹配	"关键词"或《关键词》	"计算机工具软件",搜索的结果不会拆分"计算机工具软件"关键词
site:	限定网站	关键词 site:网址	"计算机专业教材 site:hep.com.cn",限定在"hep.com.cn"网站中搜索"计算机专业教材"的信息
filetype:	限定文件格式	关键词 filetype:格式	"计算机 filetype:DOC",限定在文件格式为"DOC"的"计算机"的文档

实训操作

1. 使用百度搜索引擎,搜索"2019 年国际十大经济新闻",将标题记录在表 1-1-2 中,并与同学交流。

表 1-1-2　2019 年国际十大经济新闻

序号	标　题
1	
2	
3	
4	
5	
6	
7	
8	
9	
10	

2. 使用百度搜索引擎,查找近三年来中职学生就业情况,并记录在表 1-1-3 中。

表 1-1-3　中职学生近三年就业情况统计

年份			
就业率			

3. 使用百度搜索引擎查找自己就读学校所在城市有哪些人才就业市场？其办公地址在什么地方？

活动二 用百度学习知识

活动描述

由于工作需要,小敏与她的团队经常要与客户联系,时而会因为将客户姓名念错而闹笑话,或者不懂客户说的个别专用名词而失去商机。于是,小敏决定在她负责的科室举办一次姓氏与行业专有名词知识竞赛活动,提高业务水平,她负责整个活动的组织与竞赛试题的命制工作。

活动分析

百度提供了"知道""百科"和"词典"等功能,遇到不懂的问题可以在"知道"中查找答案;遇到不同领域的知识问题,在"百科"中一般都能找到较为满意的答案;遇到不认识或读不准的字词,在"词典"中既能查到读音,了解其意,又能听到其发音和英语翻译。小敏作为这次活动的组织者和竞赛试题的命制者,利用百度一定能顺利完成本次活动。

活动展开

1. 用"知道"答问题

① 启动浏览器程序,进入浏览器界面。

② 在地址栏中输入百度网址。

③ 单击"知道"链接,进入"百度知道"页面。

④ 在搜索文本框中输入"知识竞赛的流程",确定问题。

⑤ 单击"搜索答案"按钮开始搜索,如图1-1-7所示。

小提示:"百度知道"是一个基于搜索的互动式知识问答分享平台,可以搜索别人已经回答的问题,也可以提问和回答别人提出的问题。

2. 用"百科"学习知识

① 单击"百科"链接,进入"百度百科"页面。

② 在搜索文本框中输入"经济增长贡献率",确定词条。

③ 单击"进入词条"按钮开始搜索,如图1-1-8所示。

小提示:"百度百科"是一部内容开放、自由的网络百科全书,全部内容对所有互联网访问用户开放浏览。词条的创建和编辑只有注册并登录百度网站的用户才有权限。

图 1-1-7　"百度知道"首页

图 1-1-8　"百度百科"页面

3. 用"词典"学字词

① 单击"词典"链接,进入"百度词典"页面。

小提示:若搜索文本框上面没有"词典"链接,单击"更多"链接,在"产品大全"页面单击"词典"链接即可进入"百度词典"页面。

② 在搜索文本框中输入要查询的字、词,如"仇"。

③ 单击"百度一下"按钮进入"百度词典"页面,如图 1-1-9 所示。

图 1-1-9　"百度词典"页面

小提示:在"百度词典"页面呈现出所查的字、词,有其读音、解释、笔顺等,单击"拼音"后面小喇叭可以播放该字、词的读音。

拓展提高

1. 会用"百度知道"

"百度知道"是一个基于搜索的互动式知识问答分享平台,是用户根据自己需要有针对性地提出问题,通过积分奖励机制发动其他用户来解决该问题的搜索模式。同时,这些问题的答案又会进一步作为搜索结果,提供给其他有类似疑问的用户,达到分享知识的效果。

"百度知道"也可以看作是对搜索引擎功能的一种补充,让用户头脑中的隐性知识变成显性知识,通过对问题的回答、沉淀和组织形成新的信息库,其中信息可被用户进一步检索和利用。

小提示:由于"百度知道"的开放性,对相关问题解决的可信度、专业性和权威性,需要问题求解者进一步辨别。

要完全享受"百度知道"的操作服务,必须注册成为"注册用户"方可实现提问、回答、获得积分的权利。成为"百度知道"注册用户的方法是单击百度首页右上角的"登录"链接,单击"立即注册"选项,输入注册信息,勾选"阅读并接受《百度用户协议》及《百度隐私权保护声明》"复选框,如图 1-1-10 所示,单击"注册"按钮完成百度账号注册。

图 1-1-10　注册百度用户页面

　　💬 小提示:注册成为百度用户后,无论是"百度知道",还是"百度百科",都可以使用该账号获得相关的服务。

　　注册成为百度用户后,即可在"百度知道"首页中单击"我要提问"按钮,进入"提问"页面进行提问,如图 1-1-11 所示。在"提问"文本框内输入提问文本,然后单击"提交"按钮,即完成提问。要回答他人提问,单击"百度知道"页面中的"我的知道"按钮,进入"个人中心"页面,单击"+添加兴趣"按钮,选择你熟悉的专业或内容,然后单击"完成"按钮,如图 1-1-12所示。

　　💬 小提示:首次参与回答问题,百度会弹出"知道提示"对话框。当你多次回答问题并被提问者采纳后,系统会根据用户回答问题的类别推荐一些问题,并邀请用户回答。

　　2. 会用"百度百科"

　　"百度百科"仍然是基于搜索词条创建、编辑的服务平台,一般用户可以搜索、查看词条内容,注册用户可以参与词条的创建和编辑。百度还根据用户积分所达到的级别,开放编辑词条的权利。

　　若用户已经成为注册用户,并达到创建、完善和编辑词条的级别,进入"百度百科"首页,完成用户登录后,单击"创建词条""完善词条"和"编辑实验"等链接,如图 1-1-13 所示,可以进入相关页面进行操作。

　　💬 小提示:创建词条、完善词条和编辑实验等操作根据提示即可完成,这些留给用户自己去探究吧!

　　3. 会用"百度文库"

　　"百度文库"是供百度用户在线分享文档的开放平台。在这里,用户可以在线阅读和下载涉

图 1-1-11　百度"提问"页面

图 1-1-12　设置感兴趣的问题类别

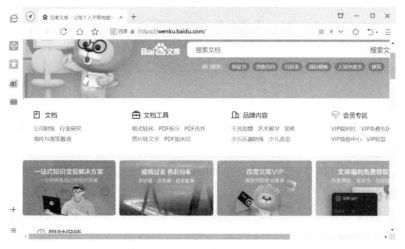

图 1-1-13　"百度百科"页面

及课件、习题、考试题库、论文报告、专业资料、法律文件、文学和各类公文模板等多个领域的资料。用户上传文档可以获得积分,下载文档要根据原作者的要求,支付一定的积分。当前平台支持 DOC(DOCX)、PPT(PPTX)、TXT、PDF、、XLS(XLSX)等主流文件格式。

　　当用户需要查找相关资料时,在搜索框内输入关键词,单击"搜索文档"按钮,如图 1-1-14 所示,即可搜索到与关键词匹配的文档标题列表。

　　📢 小提示:根据需要输入关键词后,选择相应的文档格式,搜索内容的匹配度会更高一些,同时,还可以选择"分类浏览"中的类型后,再输入关键词,将搜索范围进一步缩小,便于查找需要的资料。

图 1-1-14　"百度文库"页面

4. 会用"百度翻译"

　　"百度翻译"是一项免费的在线翻译服务,支持多种语言之间的文本、图片(图片中的文字)、网页等翻译功能,输入想要翻译的文本或者网页地址,即可获得翻译结果,如图 1-1-15 所示。

图 1-1-15　汉英互译

小提示："百度翻译"不仅支持多种语言翻译,还支持图片中的文本、网页等翻译。要翻译图片中的文本时,只需要将图片复制并粘贴到文本框内,即可自动识别图片中的文本并进行翻译,如图 1-1-16 所示。

图 1-1-16　翻译图片中的文本

实训操作

1. 注册成为百度用户,在"百度知道"页面提出你最想要解决的 3 个问题,记录在表 1-1-4 中。

表 1-1-4　提问记录表

序号	问　　题	是 否 解 决
1		□是　□否
2		□是　□否
3		□是　□否

2. 尝试在"百度知道"中解决他人提出的 3 个问题,记录在表 1-1-5 中。

表 1-1-5　答题记录表

序号	问　　题	是 否 解 决
1		□已采纳　□未采纳
2		□已采纳　□未采纳
3		□已采纳　□未采纳

3. 在"百度百科"中,以自己的姓名创建词条,并进行内容的添加、编辑和完善。

活动三 用百度服务生活

活动描述

小敏所在的部门要集体去上海参加一个会议，领导要求小敏安排这次集体活动的会务工作。

小敏接下来的工作就是看天气、查航班、订机票、搜地图、查车次、订酒店……这些都是出发前必须做的准备工作。

活动分析

百度地图提供了地图实时服务功能，还与一些大型网站联盟，提供了航班、火车车次、城市交通、酒店、天气等查询和订购等功能。这些事情看似复杂，其实只需要坐在计算机前，使用百度即可解决。

活动展开

1. 查航班

① 启动浏览器程序，进入浏览器界面。

② 在地址栏中输入网站网址。

③ 单击"机票·火车票"链接，进入机票查询页面，如图 1-1-17 所示。

④ 单击"出发"选项栏，选择出发城市，如"北京"。

⑤ 单击"到达"选项栏，选择到达城市，如"上海"。

⑥ 设置好地址、乘机日期后，单击"搜索机票"按钮，查看探索结果，如图 1-1-18 所示。

🔊 小提示：查看搜索结果，如果有合适的机票，单击"订票"按钮，即可进入订票页面，完成网络订购机票的操作。

图 1-1-17 机票查询页面　　　　图 1-1-18 设置选项

2. 订酒店

① 在地址栏中输入网站网址。

② 单击"入住城市"选项栏,选择入住城市,如"上海"。

③ 选择"入住时间"和"离店时间"。

④ 在"关键词"文本框中输入酒店位置,如"东方明珠",如图1-1-19所示。

⑤ 单击"探索酒店"按钮,打开酒店预订页面。

⑥ 设置酒店类型和要求选项,如图1-1-20所示。

📢 **小提示**:用户根据需要,设置"价格范围""酒店级别""连锁品牌"等选项,就可以搜索到合适的酒店。为了方便用户,可以将"hao123"App下载到手机上,比如查找交通路线、周边的景点、美食、酒店等众多服务。

图1-1-19 查询酒店

图1-1-20 设置酒店类型

拓展提高

在浏览器地址栏中输入网站网址,进入百度旗下的"hao到家"页面,在页面中有"休闲娱乐""生活服务"等栏目,如图1-1-21所示。

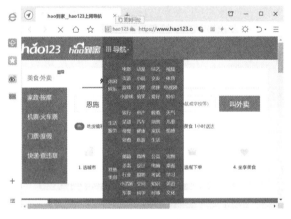

图1-1-21 "hao到家"页面

1. 旅游出行

单击"机票·火车票",输入"出发"和"到达"城市名称,进入hao123旅游页面,即可网络购票,如图1-1-22所示。我们还可以在该页面查询、预订酒店和车票等操作。

图1-1-22 hao123旅游页面

2. 实用查询

在"实用查询"栏目中提供了"本地生活""交通出行""教育学习""金融理财"等多个查询模块,用户根据需要即可选择对应查询模块查询、获取相关信息,如图1-1-23所示。

图1-1-23 资料获取栏目

小提示:百度还提供如新闻、音乐、影视等多方面的搜索功能,其搜索操作方法类似,用户可以根据需要选择相关板块,获取有用的信息,在此不再一一介绍。

3. 了解其他搜索引擎

(1)搜狗搜索。搜狗是搜狐旗下一个专门从事搜索业务的子公司,使用时,在浏览器地址栏中输入搜狗网址,进入网站首页,如图1-1-24所示,在搜索文本框中输入查询文本,按下回车键(Enter)或单击搜索按钮即可查到相关信息。

(2)360搜索。360搜索属于全文索引引擎,是奇虎360公司开发的基于机器学习技术的第三代搜索引擎,具备"自学习、自进化"能力和发现用户最需要的搜索结果。"360搜索"网站与其他搜索网站界面大同小异,如图1-1-25所示。

(3)必应。必应是微软公司推出的全新中文搜索品牌,其宣传是打造全新的快乐搜索体验。其搜索界面如图1-1-26所示。

图 1-1-24 "搜狗搜索"网站首页

图 1-1-25 "360 搜索"网站首页

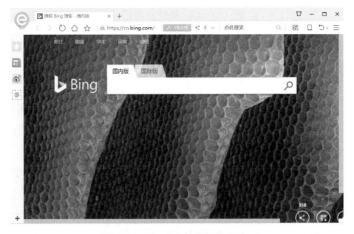

图 1-1-26 "必应"网站首页

实训操作

开展一次"网络旅游"活动。根据确定的目的地、出发日期、旅行天数、团队人数,通过网络查询相关的交通、食宿、门票等费用,设计一个预算方案,并召开"方案"交流会。

任务评价

在完成本次任务的过程中,我们学会了使用网络获取信息,请对照表1-1-6,进行评价与总结。

表1-1-6 评价与总结

评 价 指 标	评 价 结 果	备　　注
1.知道网络信息获取的途径	□A　□B　□C　□D	
2.能够熟练使用百度获取所需要的信息	□A　□B　□C　□D	
3.掌握搜索方法与技巧,提高获取信息效率	□A　□B　□C　□D	
4.能够尝试其他搜索引擎	□A　□B　□C　□D	
5.能够积极主动展示学习成果,并帮助他人	□A　□B　□C　□D	
综合评价:		

说明:1. "评价结果"根据"评价指标"的掌握程度分为"A""B""C""D"等级;

2. 根据自我学习程度在对应的等级前"方框"内画"√";

3. 在"备注"栏可以简要记录取得成绩的原因;

4. 在"综合评价"栏简要记录自己本次活动的成功与不足之处(全书同,以下说明略)。

任务二　下载网络资源

 情景故事

王琴从某中职学校信息技术专业毕业后进入一家合资企业从事文职工作,除了处理一些日常工作外,还要经常参加或组织单位的文化娱乐活动。

凭借良好的专业背景,王琴知道可以从网络上下载一些工具软件,提高工作效率。在组织单位的文化娱乐活动时,她还从网络上下载了合适的音乐和视频,使活动倍增光彩。

在本任务中,我们将一起学习下载音乐、视频的方法以及常用工具软件的下载及其应用。

任务目标

1. 掌握下载网络音频的一般方法。

2. 能够下载网络中的视频文件。

3. 能够下载网络中的工具软件。

4. 能够熟练安装、卸载工具软件。

5. 能够感受到工具软件给人们生活、学习和工作带来的便捷。

 任务准备

1. 了解网络资源

网络资源是指通过计算机网络可以获取并利用的各种信息资源的总和,一般来说是指所有以电子文档形式把文字、图像、声音、动画、视频等多种形式的信息存储在光、磁等非纸介质的载体中,并通过网络通信、计算机或终端等方式再现出来的资源。

传统信息资源主要是以文字形式表现出来的信息。而网络信息资源则可以是文本、图像、音频、动画、视频、软件、数据库等多种形式,涉及领域从政治、经济、社会、科研、教育、艺术到具体的行业和个体,文献类型包含电子报刊、电子工具书、商业信息、新闻报道、书目数据库、文献信息索引统计数据、图表、电子地图等。

在我们的生活、学习和工作过程中,无处不涉及信息资源。利用网络信息资源时,都需要经过获取(包括下载)、处理和利用的过程。

2. 认识音频、视频和动画

音频是指人耳能够感觉到的声音,其振动频率范围一般为 20 Hz~20 kHz。随着科学技术的发展,人们记录声音由模拟声音(如磁带记录的声音)发展到数字音频(如计算机及网络传输的声音文件)。

视频和动画是由一串连续变化的图形图像形成的,记录事物真实的变化过程,可以表示更多的信息。连续的图像变化每秒超过 24 帧(Frame)画面以上时,根据视觉暂留原理,人眼会无法辨别单幅的静态画面,看上去是平滑连续的视觉效果,这种连续的画面叫作视频。动画的制作也是采用同样的原理。

随着以计算机为主的现代信息技术的发展,音频、视频和动画的传播、获取、利用变得更加方便与快捷。在网络中,有专门从事音频、视频和动画等信息资源的服务商,用户只要满足一定的条件即可分享这些资源。

3. 了解工具软件

计算机软件一般分为系统软件和应用软件,工具软件是为了用户能正常、安全、便捷地使用计算机的应用软件,如杀毒软件、系统优化工具和翻译软件、下载工具等。

软件的开发者通常享有软件的著作权,软件用户必须在同意所使用软件的许可协议之后才能够合法使用。依据授权方式的不同,大致可将软件分为如下几类:

(1)专属软件。专属软件授权通常不允许用户随意复制、修改或传播该软件。违反此类授权通常需承担法律责任。传统的商业软件公司会采用此类授权,例如微软公司的 Windows 操作系统和办公软件。专属软件的源码通常被公司视为私有财产而予以严密的保护。

(2)自由软件。自由软件正好与专属软件相反,它们的开发者赋予用户复制、研究、修改和传播该软件的权利,并提供源码供用户自由使用。例如,Linux、Firefox 和 OpenOffice 就是此类软件的代表。

（3）共享软件。通常可免费获取并使用其试用版,但在功能或使用权限上受到限制。开发者会鼓励用户付费以取得完整功能的商业版本。

（4）免费软件。可免费获取和转载,但并不提供源码,也无法修改。

（5）公共软件。原作者已放弃权利、著作权过期或作者已经不可考究的软件,使用上无任何限制。

任务设计

活动一　下载工具软件

活动描述

王琴的同事李欣因系统故障重装了计算机操作系统,但他只会用"搜狗五笔输入法"而不知道如何下载和安装,于是请王琴帮忙安装"搜狗五笔输入法"。

活动分析

要添加"搜狗五笔输入法",首先需要获取"搜狗五笔输入法"工具软件,获取该软件最便捷的方式就是从网络下载,然后安装即可。

活动展开

下载输入法软件

① 在浏览器地址栏中输入"华军软件园"网址。

② 在"华军软件园"首页的"搜索"文本框中输入"搜狗五笔输入法",如图1-2-1所示。

③ 单击"搜索"按钮,进入下载页面。

④ 选择需要下载的输入法版本,如图1-2-2所示。

🔔 小提示:也可单击主页上的"软件分类"链接,进入"下载分类"列表中选择需要的软件。

图1-2-1　确定搜索关键词

图1-2-2　下载软件

⑤ 单击"立即下载"按钮即可直接进行下载;也可以单击输入法版本的链接查看软件的基本信息,再确认是否需要下载,如图1-2-3所示。

⑥ 根据用户所使用的网络服务商选择下载站点,弹出"新建下载任务"对话框。

⑦ 单击"新建下载任务"对话框中的"下载"按钮,保存下载文件,如图1-2-3所示。

小提示:在"新建下载任务"对话框中选择下载文件的保存位置,其操作十分简单,在此不再详述。

图 1-2-3　选择下载地址

了解其他工具软件下载网站

除了"华军软件园"外,还有许多工具软件的网站,如"ZOL 软件下载"、"电脑之家(PCHOME)"等。

(1)"ZOL 软件下载"。"ZOL 软件下载"为用户提供国内外最新的免费软件和共享软件下载,包括电脑软件、手机软件、网页游戏等。进入该网站,可以按照软件分类查找文件,也可在"搜索"文本框中输入要搜索的软件,如图1-2-4所示。

图 1-2-4　"ZOL 软件下载"网站首页

(2)"电脑之家(PCHOME)"。"PCHOME"网站是一个 IT 业的综合性网站,为用户提供全面、实用、快速、安全的万余种免费软件和多种设备驱动下载,以及一些精美壁纸、热门 Flash、趣味游戏等下载,如图1-2-5所示。

小提示:提供软件下载的网站很多,其内容相差无几,下载方法大同小异,用户可以根据实际情况选择合适的合法网站下载软件。

图 1-2-5 "PCHOME"网站首页

实训操作

1. 选择一个工具软件下载网站,下载你最想要的软件,并将下载结果记录在表 1-2-1 中。

表 1-2-1 工具软件记录表

软件名称		软件大小	
软件类别		软件性质	□共享 □免费 □其他
下载网站		下载地址	

2. 在"华军软件园"中分别选择"中国电信""移动铁通"和"联通网通"下载同一个软件,看看哪个下载最快?是什么原因?与老师和同学交流。

3. 选择同一款工具软件,分别去两个不同的工具软件网站下载该软件,比较下载速度,并记录在表 1-2-2 中。

表 1-2-2 工具软件下载比较表

软件名称		软件大小	
软件类别		软件性质	□共享 □免费 □其他
下载网站	1. 2.	下载地址	1. 2.
下载用时	1. 2.	总体评价	

活动二　安装工具软件

活动描述

公司的事情千头万绪,王琴坐在计算机前一坐就是几个小时,等到想起来看时间,已经是脖子发酸,眼睛发花。王琴得知在计算机上安装一款"眼睛护士"软件,可以强制锁定计算机,实行强制休息,王琴决定试一试。

活动分析

从工具软件网站下载软件已经不是难事,安装软件的操作可以根据安装"向导",一步一步地操作即可完成。

活动展开

安装软件

① 打开"眼睛护士"软件所在的文件夹。

② 双击"eyefoo_3.0_beta7"可执行文件,运行安装文件,如图1-2-6所示。

③ 进入软件安装界面,阅读软件介绍,了解软件。

④ 单击"下一步"按钮,进入安装向导界面,如图1-2-7所示。

图1-2-6　运行安装文件

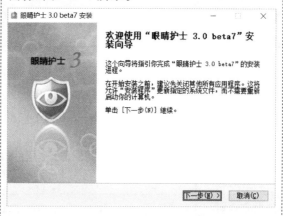

图1-2-7　软件安装界面

⑤ 阅读"用户使用协议",了解协议内容。

小提示:使用某软件,必须得到该软件版权拥有者的授权,使用者必须遵守"许可证协议"的约定,否则就会造成侵权,因此,认真阅读"许可证协议"十分必要。

⑥ 单击"我接受"按钮,进入下一界面,如图1-2-8所示。

⑦ 单击"浏览"按钮,改变软件安装路径。

小提示:软件安装的默认路径一般为"C:\Program Files (x86)\",也可改为其他路径。

⑧ 单击"安装"按钮,如图1-2-9所示,进入安装界面。

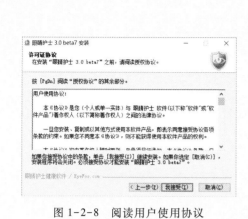

图 1-2-8　阅读用户使用协议

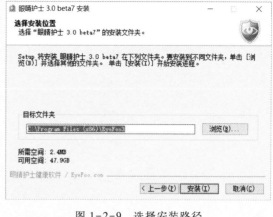

图 1-2-9　选择安装路径

⑨ 软件安装完成后界面如图 1-2-10 所示。

⑩ 设置相关选项,单击"完成"按钮,安装完毕。

📢 小提示:软件安装的操作过程基本相似,依照安装"向导",设置相关选项,即可完成软件的安装。

图 1-2-10　软件安装完毕

拓展提高

1. 了解软件的安装

计算机工具软件一般都要经过安装后才能正常使用。计算机应用软件的设计后期,一般都会制作一个安装程序包,协助用户正确安装该软件。安装程序的文件名常见有"setup.exe""install.exe""installer.exe""installation.exe"等,有的小型工具软件安装程序名也就是以软件名称命名。在安装程序包内,除了安装程序外,还有该文件安装过程中必要的数据文件和说明文件。

2. 了解软件的卸载

符合规范的工具软件会提供卸载程序(或称反安装程序)以协助使用者将软件从计算机中删除。卸载程序的文件名常为"uninstall.exe"、"uninstaller.exe"等。当安装某工具软件后,在"程序"菜单中会出现"卸载……"命令。若没有提供"卸载……"命令,在 Windows 操作系统界面单击"开始"→"设置"→"应用"按钮,如图 1-2-11 所示,打开"应用和功能"窗口,如图 1-2-12 所示,选择需要卸载的软件名称,单击"卸载"按钮即可卸载。

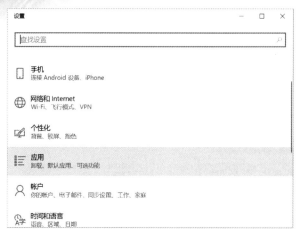

图 1-2-11 "设置"对话框

图 1-2-12 "应用和功能"窗口

小提示:在"应用和功能"窗口中,可以进行添加或删除 Windows 组件和添加新程序的操作,在操作过程中,特别是删除或更改程序的时候一定要谨慎,不要随意删除或更改系统程序,否则会造成系统瘫痪。

实训操作

1. 在网络中下载一款自己喜欢的软件,并安装在计算机中,将安装过程说给老师或同学听一听。

2. 安装工具软件后,请尝试使用"卸载"命令卸载该软件。

3. 在"应用和功能"窗口中,卸载已安装的工具软件。

活动三　下载音像文件

活动描述

为了庆祝"五一"劳动节,公司准备举行一场文娱晚会,王琴负责全场晚会的组织工作,大到整场晚会的策划,小到每一个节目的音乐、演员的候场、出场等细节都要考虑得滴水不漏。

为了舞台、音响等效果达到最佳,王玲根据节目的需要,从网络下载节目所用的音乐及相关的视频供排练需要,为正式的演出做好准备。

活动分析

在网络中下载音乐和视频不是一件难事,只需要进入相关网站,即可完成任务,操作比较简单。

活动展开

1. 下载音频

① 启动浏览器程序,进入浏览器界面。

② 在地址栏中输入"千千音乐"网站网址,按 Enter 键,进入"千千音乐"网站首页,如图 1-2-13 所示。

☛ 小提示:在"百度"网站首页,单击"音乐"链接也可以进入该页面。

③ 在搜索文本框中输入"难忘今宵",单击"搜索"按钮搜索音乐,如图 1-2-14 所示。

④ 拖曳浏览器垂直滑块,可以查看该音乐列表。

⑤ 单击"播放"按钮,进入"千千音乐盒"页面。

图 1-2-13　"千千音乐"网站首页

图 1-2-14　搜索音乐

⑥ 下载并安装"千千音乐盒"客户端。

⑦ 注册"千千音乐盒"用户。

⑧ 搜索需要下载的音乐,如"难忘今宵"。

⑨ 在歌曲列表中选择需要的音乐,即可下载,如图1-2-15所示。

📢 小提示:在专业音乐网站下载音乐,一般都需要注册或下载客户端后方可下载,方法也比较简单,不妨试试。

图 1-2-15　下载音乐文件

③ 单击"综艺"按钮,进入"综艺"页面。

④ 在"搜索"文本框中输入"难忘今宵",如图1-2-17所示。

⑤ 单击"搜索"按钮,搜索该视频。

图 1-2-17　搜索视频

2. 下载视频

① 启动浏览器程序,进入浏览器界面。

② 在地址栏中输入"优酷"网站网址,按下 Enter 键,进入"优酷"网站首页,如图 1-2-16 所示。

图 1-2-16　"优酷"网站首页

⑥ 在"难忘今宵"页面拖曳垂直滑块,查看视频列表中的视频。

⑦ 单击选中的视频缩略图或文字链接,进入播放页面。

⑧ 预览视频效果,如图1-2-18所示。

图 1-2-18　视频列表

⑨ 下载并安装"优酷"客户端。

⑩ 注册"优酷"用户。

⑪ 搜索需要下载的视频,如"难忘今宵"。

⑫ 在视频列表中选择需要的视频,即可下载。

⑬ 单击播放器下方的"下载"按钮,下载视频,如图1-2-19所示。

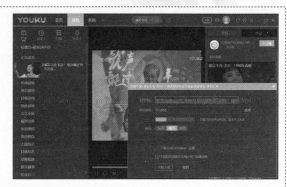

图1-2-19　下载视频

📢 小提示:在"优酷"网站上下载视频必须具备两个条件:一是注册成为优酷的用户;二是下载并安装"优酷"客户端软件。"优酷"客户端软件的安装及操作十分简单。

拓展提高

1. 千千音乐

"千千音乐"是百度旗下的音乐门户网站。"千千音乐"按照榜单、歌手、热门、心情、曲风、场合、地域、年代、话题等进行分类,用户可以根据不同的分类快速搜索音乐,如图1-2-20所示,同时提供了音乐的文件类型、大小等信息,还有在线试听、下载等功能,方便用户准确地下载音乐。

图1-2-20　"千千音乐"网站分类页面

2. 了解其他音乐网站

(1)一听音乐。"一听音乐"是中国较大的在线音乐专业网站之一,如图1-2-21所示,提供免费歌曲在线试听、下载。拥有庞大、完整的曲库,歌曲更新速度快,试听流畅,口碑较好。

(2)九酷音乐。"九酷音乐"是专业的在线音乐试听mp3下载网站,收录了网上最新歌曲和流行音乐,也按照歌手、心情、场合进行了多种分类,方便用户查找,如图1-2-22所示。

图 1-2-21　"一听音乐"网站首页

图 1-2-22　"九酷音乐"网站首页

3. 了解其他视频网站

（1）腾讯视频。"腾讯视频"是在线视频平台，拥有流行内容和专业的媒体运营能力，是聚合热播影视、综艺娱乐、体育赛事、新闻资讯等于一体的综合视频内容平台，并通过 PC 端、移动端及客厅产品等多种形态为用户提供高清流畅的视频娱乐体验，如图 1-1-23 所示。

图 1-2-23　"腾讯视频"网站首页

（2）爱奇艺。"爱奇艺"是拥有海量、优质、高清网络视频的大型视频网站和比较专业的网络视频播放平台。"爱奇艺"影视内容丰富多元,涵盖电影、电视剧、动漫、综艺、生活、音乐等,如图1-2-24所示。

图1-2-24 "爱奇艺"网站首页

实训操作

1. 进入百度或其他音乐网站,下载你喜欢的音乐并记录在表1-2-3中。

表1-2-3 下载音乐记录表

音乐名	文件大小	文件类型	网址

2. 进入优酷或其他网站,下载你喜欢的视频并记录在表1-2-4中。

表1-2-4 下载视频记录表

音乐名	文件大小	文件类型	网址

3. 除了前面介绍的音乐或视频网站,你还访问了哪些音乐或视频网站?谈谈你的使用感受,记录在表1-2-5中。

表1-2-5 音乐、视频网站记录表

网站	网址	使用感受

任务评价

在完成本次任务的过程中,我们学会了从网络下载音频、视频和工具软件及其安装与卸载的方法,请对照表1-2-6,进行评价与总结。

表1-2-6 评价与总结

评 价 指 标	评 价 结 果	备 注
1. 掌握了下载网络音频的一般方法	□A □B □C □D	
2. 能够下载网络中的视频文件	□A □B □C □D	
3. 能够下载网络中的工具软件	□A □B □C □D	
4. 能够熟练安装、卸载工具软件	□A □B □C □D	
5. 能够积极主动展示学习成果,并帮助他人	□A □B □C □D	
6. 能够感受到工具软件给工作带来的便捷		

综合评价:

任务三　传递网络信息

 情景故事

阿杰从某中职学校信息技术专业毕业后进入某知名新闻网站工作。该公司几年前就实现了无纸化办公,邮件传递、即时信息交流、文件存储、工作日志等都实行数字化和网络化。阿杰凭借良好的信息技术专业基础,在工作中表现得非常出色。

在本任务中,我们将一起学习收发电子邮件、即时通信、云盘存储和网络笔记等。

 任务目标

1. 能够熟练使用电子邮件工具软件。
2. 能够熟练使用常用的即时通信软件。
3. 能够使用云盘存储信息。
4. 能够熟练使用网络工具软件书写笔记。
5. 能够感受到工具软件给人们生活、学习和工作带来的便捷。

任务准备

电子邮件、即时通信、云存储、网络笔记等都是信息时代的重要工作手段,掌握这些已是现代公民的基本技能,全面了解并使用这些软件也是现代学生的必备知识。

1. 了解电子邮件

电子邮件(Electronic mail,E-mail),是一种用电子手段传递信息的一种方式,是 Internet 上应用较广泛的电子邮件服务系统。用户可以迅速将邮件发到世界上任何地方的网络用户传递信息。

远程电子邮件传送的流程是发件者将邮件发送到发件者邮箱服务器,邮箱服务器会向 DNS 服务器请求解析收件人邮箱服务器地址,邮箱服务器通过解析能判断收件人邮箱服务器位置,尝试与该服务器进行连接,连接成功后即将邮件发送过去。当收件者访问邮件服务器时,即可收到该邮件,其流程如图 1-3-1 所示。

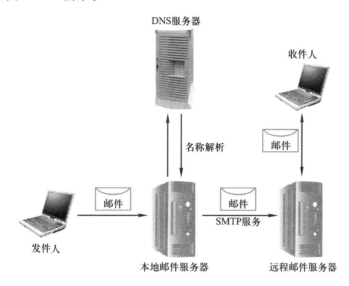

图 1-3-1 电子传递示意图

2. 了解即时通信

即时信息(Instant Messaging,IM)是可以在线实时交流的工具,也就是通常所说的在线聊天工具。人们可以通过即时通信工具进行沟通交流、结识新朋友,实现异地文字、语音、视频的实时互通交流。

即时信息始于 1996 年,当时最著名的即时信息通信工具是 ICQ。ICQ 最初由三个以色列人开发,1998 年被美国在线公司收购。当前主流的即时通信软件有 QQ、微信等,如图 1-3-2 和图 1-3-3 所示,当然,有的大型企业也开发了用于内部管理或企业发展的即时信息通信软件。

小提示:QQ 软件最早只有计算机版本(简称 PC 版),当智能手机出现后,移动版 QQ 软件也随之出现,而微信软件最早只有手机移动版,为了方便更多用户,PC 版也随之出现。

3. 了解云盘

云盘是一种专业的网络存储工具。申请云盘账号,即可获得类似计算机硬盘的网络存储空间,随时随地地安全存放数据和重要资料。云盘相对于传统的实体磁盘来说更加方便,用户不需

图 1-3-2 QQ 登录界面

图 1-3-3 微信登录界面

要随身携带存储重要资料的实体磁盘,只需通过互联网,就可轻松从云端读取自己所存储的信息。当前使用得比较多的有"百度网盘"和"腾讯微云"。

"百度网盘"是百度推出的一项云存储服务,已覆盖主流 PC 和手机操作系统,包含 Web 版、Windows 版、MAC 版、Android 版、iPhone 版和 Windows Phone 版。用户可以轻松将自己的文件上传到网盘,并可跨终端随时随地查看和分享,如图 1-3-4 所示。

图 1-3-4 "百度网盘"界面

"腾讯微云"是腾讯推出的云存储服务,通过微云客户端可以让计算机和手机文件进行无线传输并实现同步,让手机中的照片自动传送到计算机,并可与朋友们共享,如图 1-3-5 所示。

📢 小提示:"百度网盘"和"腾讯微云"均提供了多种终端(如计算机、手机、平板电脑)和不同操作系统的客户端软件,供用户在不同的设备和场景中使用。在计算机端使用时,需要下载计算机端软件或者使用 Web 版。

4. 了解云笔记

云笔记软件较多,大多数都是跨平台的简单快速的个人记事备忘工具,操作简单。利用计算机和手机,可以随时随地将会议记录、日程安排、生活备忘,奇思妙想、快乐趣事以及任何突发灵感等快速记录下来。云笔记软件一般都支持拍照和添加图片的功能。当前使用较多的软件有有道云笔记、印象笔记等,如图 1-3-6、图 1-3-7 所示。

📢 小提示:云笔记软件一般都提供多种终端(如计算机、手机、平板电脑)和不同操作系统的客户端软件版本,用户可以根据自己的需求进行选择。

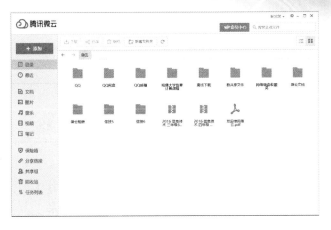

图 1-3-5 "腾讯微云"界面

图 1-3-6 有道云笔记软件界面

图 1-3-7 印象笔记软件界面

任务设计

活动一　收发电子邮件

活动描述

　　阿杰为了将工作邮箱与生活邮箱分开,决定申请一个免费邮箱作为生活邮箱。于是,阿杰准备在"126网易免费邮"网站申请一个电子邮箱,用于与亲朋好友联系。

活动分析

　　提供免费电子邮箱的网站比较多,申请邮箱时,第一步就是选择电子邮箱网站,其次是进行申请、设置、收发邮件等操作,过程十分简单。

活动展开

1. 申请电子邮箱

① 启动浏览器程序,进入浏览器首页。

② 在地址栏中输入126网易免费邮网站网址。

③ 按Enter键,进入"126网易免费邮网站首页",如图1-3-8所示。

④ 单击"去注册"按钮,进入注册页面。

⑤ 在"邮件地址"文本框中输入邮箱名(也称为邮箱账号),然后根据要求设置密码,输入验证码等信息。

　　小提示:确定邮箱名时,邮箱管理系统会检测该邮箱名是否已被他人注册,若是,就得重新设置邮箱名。密码是进入邮箱的"钥匙",其设置也非常重要。

⑥ 单击"立即注册"按钮,如图1-3-9所示,注册邮箱。

　　小提示:出现"注册成功"对话框,单击"进入邮箱"按钮,即可进入注册的邮箱。

图1-3-8　"126网易免费邮"网站首页

图1-3-9　输入注册信息

2. 发送邮件

① 在浏览器地址栏中输入 126 网易免费邮网站网址。

② 分别在"账号""密码"文本框中输入邮箱账号和密码。

③ 单击"登录"按钮，进入邮箱，如图 1-3-10 所示。

④ 单击"写信"按钮，新建一封邮件。

⑤ 在"收件人"文本框中输入收件人邮箱。

⑥ 在"主题"文本框中输入邮件标题。

⑦ 在邮件正文编辑框中输入文本、图片等信息。

⑧ 内容撰写完毕，单击"发送"按钮，发送邮件，如图 1-3-11 所示。

图 1-3-10 邮箱登录页面

图 1-3-11 撰写邮件

拓展提高

1. 电子邮件的发展

1987 年 9 月 20 日，有"中国互联网第一人"之称的钱天白从北京经意大利向卡尔斯鲁厄大学发出了中国第一封电子邮件，内容是"穿越长城，走向世界"，这是中国人在网络上以 E-mail 的形式跨出的第一步。

谈起中国人自己设计的免费邮件系统，就不能不提到丁磊、陈磊华和 163 网站。对于中国互联网，这同样是具有重要意义的事件。中国网民第一套可以免费使用的邮件系统在 163 网站上实现。中国的第一家免费电子邮局也由此诞生。

2. 添加邮箱地址到通讯录

将邮件发送者的邮箱地址添加到通讯录中后，下次给该用户发送邮件就不需要输入邮箱地址了，直接到通讯录中查找该邮箱，发送邮件。操作时，单击打开"收件箱"选项卡，将鼠标移动到邮件发送者邮箱或用户名上，在弹出选项列表中单击"添加联系人"按钮，如图 1-3-12 所示，在"快速添加联系人"对话框中输入相关信息，如图 1-3-13 所示，单击"确定"按钮，即可将邮件发送者的邮箱地址添加到通讯录中。

小提示：若经常收到某固定邮箱发来的垃圾邮件，可以将该邮箱添加到黑名单中。若想查看某个朋友往来邮件，单击"邮件往来"按钮即可将该邮箱用户发来或发给该邮件用户的邮件以列表的形式显示出来。我们还可以在"设置"下拉列表中对邮箱进行"常规设置""修改密码"等多项操作。

图 1-3-12　选择"添加联系人"命令

图 1-3-13　快速添加联系人

实训操作

1. 选择免费电子邮件服务网站,申请一个电子邮箱,并将申请的过程记录在表 1-3-1 中。

表 1-3-1　免费电子邮箱记录表

网站名称		网站地址	
邮箱登录名		邮箱	

2. 收集 3~5 个同学的电子邮箱,记录在表 1-3-2 中。

表 1-3-2　同学电子邮箱列表

姓　名	电子邮箱	姓　名	电子邮箱

3. 访问自己喜欢的公司网站,查找其"人力资源"部门的电子邮箱,记录在表 1-3-3 中。

表 1-3-3　公司电子邮箱列表

喜欢的公司	电子邮箱	喜欢的公司	电子邮箱

活动二　传递即时信息

活动描述

QQ 和微信已经成为阿杰与同事、客户之间交流沟通的标配软件,也是单位召开网络会议常用的工具,使用好这些软件能够极大地提高工作效率。

活动分析

QQ 或微信均有 PC 版和手机版。下载安装 PC 版软件,然后使用计算机申请 QQ 账号,在手机上申请微信账号。两个软件都可以传递文本、图片、音频、视频和动画等信息,其操作都比较简单。

活动展开

1. 申请 QQ 账号

① 双击桌面"QQ"快捷图标,运行 QQ 软件。

② 单击 QQ 登录界面上的"注册账号"链接,如图 1-3-14 所示,打开 QQ 注册页面。

📢 小提示:也可以直接进入 QQ 官方网站申请 QQ 账号。

图 1-3-14 QQ 登录页面

③ 在 QQ 注册页面输入注册信息,单击"立即注册"按钮,如图 1-3-15 所示。

📢 小提示:在 QQ 注册页面还可以通过"手机快速申请"和选择"靓号"的方法注册 QQ 账号,但都得支付一定的费用。

图 1-3-15 QQ 注册页面

④ 按照提示,使用手机编写短信注册。

⑤ 注册成功后,即可登录,如图 1-3-16 所示。

⑥ 在注册成功页面出现所申请的 QQ 号码,单击"立即登录"按钮,即可登录。

2. 安装微信计算机客户端

① 在浏览器地址栏中输入微信官方网址,进入微信官网界面。

② 单击"微信 Windows 版",下载微信客户端软件,如图 1-3-17 所示。

图 1-3-16　QQ 号码申请成功页面

图 1-3-17　微信官网界面

③ 安装微信客户端软件。

④ 在手机上打开微信软件。

⑤ 使用"扫一扫"功能,扫描二维码,在计算机上登录微信,如图 1-3-18 所示,与手机端微信同步与好友交流信息。

📢 小提示:微信软件主要是服务于移动用户(手机用户)。为了方便用户使用计算机与手机中的信息(如图片、视频、文件)无缝传递,因此,在计算机上使用微信的前提条件是必须在手机端登录。

图 1-3-18　计算机端信息交流页面

拓展提高

1. 添加 QQ 好友

要使用 QQ 与他人交流,交流双方都必须拥有 QQ 账号,登录 QQ 软件并互相成为"好友"。若想添加对方为"好友",进入 QQ 软件界面,单击"联系人"选项,单击右边的"+"号按钮,选择"添加好友"选项,如图 1-3-19 所示,打开"查找"对话框,在 QQ 账号文本框中输入 QQ 号,然后单击"查找"按钮,如图 3-1-20 所示,根据提示操作,完成添加好友。

📢 小提示:查找联系人,除使用 QQ 号码精确查找外,还可以通过手机号、昵称、关键词、邮箱等方式进行查找,你不妨也试一试!

2. 用 QQ 传递文件

QQ 可以在线传递文本、图形图像、表情动画和音、视频信息,还可以将信息以文件的形式传递给对方。操作时,单击聊天窗口中的"发送文件"按钮,如图 1-3-21 所示,选择"发送文件"命令,在"打开"对话框中选择需要传递的文件,如图 1-3-22 所示,单击"打开"按钮,即可传递。

图 1-3-19　添加好友　　　　　　　图 1-3-20　查找并添加好友

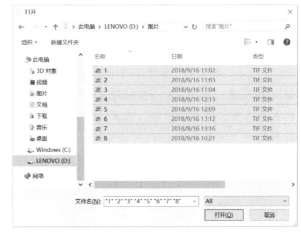

图 1-3-21　选择"发送文件"　　　　　图 1-3-22　选择文件

🔊 小提示:在"打开"对话框中可以选择单个文件,也可选择多个文件,选择多个文件时,在文件列表中拖曳鼠标框选需要传送的文件,也可以按住 Ctrl 键,单击选择需要传递的文件,也可以按住 Shift 键,单击需要传送文件的首尾两个文件。另外,在传递文件时,还可以打开文件所在的文件夹,选中文件,拖动到聊天窗口,也可以直接传递文件。

当单击"打开"对话框中的"打开"按钮后,聊天窗口右侧即出现"传送文件"对话框,如图1-3-23所示。若对方不在线,单击"发送离线文件"按钮,即可将文件暂时存放到 QQ 文件中转站,待对方上线后接收。若是对方发来的文件,单击"接收"或"另存为"按钮即可接收文件,如图1-3-24所示。

🔊 小提示:当接收对方传送的文件时,单击"接收"按钮,文件即保存在软件默认的文件夹中(如 D:\Program Files\QQ2011\Users\2452816771\FileRecv),单击"另存为"按钮时,可以根据需要设置文件保存的文件夹。当收到不明身份的联系人传送文件时,可以单击"拒绝"按钮拒绝接收文件。若好友同时发来多个文件时,可以单击"全接收"或"全另存为"按钮,一次性全部接收所有文件。

| 图 1-3-23　传送文件 | 图 1-3-24　接收文件 |

3. 用微信传递信息

微信客户端的功能相对比较简洁,可以传递文本信息,或者发送文件等。操作时,选中微信好友,如图 1-3-25 所示,单击"传文件"按钮,弹出"打开"对话框,在对话框选择需要传递的文件,即可向好友传递文件。同时,在聊天窗口中,可以单击右上角的"…"按钮,可以设置"消息免打扰"、"置顶聊天"等,如图 1-3-26 所示。

📢 **小提示**:微信是以移动终端为基础的社交、生活服务工具软件,其主要功能,比如"发送微视频""朋友圈""支付"等一些功能在手机移动端才能实现,同时,微信第三方小程序等丰富的功能也需要在手机移动端操作。因此,微信计算机客户端只是为了用户传递文本、图片和文件等信息提供的一个简单应用。

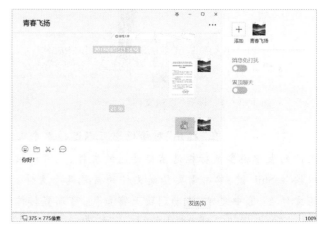

| 图 1-3-25　好友交流界面 | 图 1-3-26　设置好友 |

实训操作

1. 申请一个 QQ 账号和微信号,并告诉你的同学或朋友。

2. 将班级同学添加为 QQ 好友和微信好友,并建立 QQ 好友分组。

3. 分别建立班级 QQ 群和微信群,并尝试相关操作。

活动三 用云盘存文件

活动描述

进入移动互联时代,阿杰再也不需要为了存储文件而随时随身携带 U 盘或移动硬盘了,而是将一些常用的文件存储到网络云盘中,根据需要随时随地使用。

活动分析

使用网络云盘,只需要下载云盘计算机客户端软件,然后申请云盘账号,即可获取一定空间的云盘。进入云盘后,可以像使用个人计算机硬盘一样,建立文件夹、移动或复制文件等操作,操作比较简单。

活动展开

1. 申请百度网盘账号

① 在浏览器地址栏中输入百度网盘网址,按下回车键,进入"百度网盘"首页,如图 1-3-27 所示。

② 单击"立即注册"链接,进入"注册百度账号"页面。

③ 在"注册百度账号"页面,输入注册信息,单击"注册"按钮,如图 1-3-28 所示。

小提示:百度所有的应用都可以使用同一账号登录。因此,注册过百度账号的用户,使用百度网盘时就不需要再次注册了。

图 1-3-27 "百度网盘"首页

图 1-3-28 "注册百度账号"页面

2. 登录百度网盘

① 在百度网盘登录页面输入百度账号和密码,单击"登录"按钮,如图 1-3-29 所示。

小提示:这是百度网盘 Web 模式登录,用户还可以使用计算机客户端或手机移动端模式登录。

② 进入百度网盘页面,如图 1-3-29 所示,单击"登录"按钮,进入百度网盘页面。

③ 单击"上传"按钮,选择"上传文件"命令,弹出"打开"对话框,上传本地计算机中的文件,如图1-3-30 所示。

小提示:在百度网盘中,可以像在本地计算机一样进行新建、复制、移动文件和文件夹的操作。

| 图1-3-29　登录百度网盘 | 图1-3-30　"百度网盘"界面 |

拓展提高

1. 了解百度网盘客户端

为了方便用户,百度公司提供了适用于不同设备(个人计算机、手机、平板电脑)和不同操作系统(如Windows、Android、MAC等)的版本,供用户选择使用,如图1-3-31所示。在个人计算机上使用百度网盘时,在"百度网盘客户端下载"页面选择"Windows"选项,单击"下载PC版"按钮,将客户端软件下载到本地计算机,根据安装提示安装即可。安装完毕,打开客户端软件,登录进入"百度网盘"PC端界面,如图1-3-32所示。

图1-3-31　"百度网盘"客户端下载页面

2. 分享文件

使用"分享"功能可以将百度网盘中的文件以链接的方式分享给其他用户,获取链接的用户可以直接进入百度网盘下载文件,节省了传递文件的时间。如果获取文件链接的用户同样拥有百度网盘,可以将文件直接存储到自己的网盘中。操作时,将要分享的文件选中,单击鼠标右键,选择"分享"命令,如图1-3-33所示,弹出"分享文件"对话框。在"分享文件"对话框中选择"链接分享"选项卡,选择"加密"分享形式,设置"有效期"为"永久有效",如图1-3-34所示,单击

图1-3-32 "百度网盘"PC端界面

"创建链接"按钮,创建链接和密码,如图1-3-35所示。复制链接和密码,即可使用QQ、微信等即时通信工具分享给其他用户。

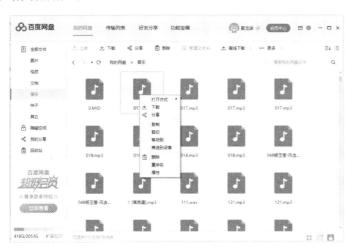

图1-3-33 选择文件

📢 小提示:链接分享百度网盘文件有"加密"和"公开"两种形式:若选择"加密",用户就需要使用密码才能提取网盘中的文件;若选择"公开",用户只需要获得链接就可以提取网盘中的文件。同时,我们还可以采取"发给好友"的方式将百度网盘中的文件分享给百度好友。

3.了解腾讯微云

腾讯公司为用户提供了一项智能云服务,用户只需要使用QQ账号就可以使用腾讯微云中的网盘、相册、传输等功能。使用腾讯微云,可以实现计算机、手机备份到网盘中,也可以将网盘中的文件分享给QQ好友。腾讯微云还可以自动汇集用户的照片,同步不同设备之间的文件。操作时,我们可以在浏览器中打开微云,如图1-3-36所示,也可使用计算机或手机微云客户端登录微云,如图1-3-37所示。

图 1-3-34　选择分享形式

图 1-3-35　创建链接和密码

图 1-3-36　腾讯微云 Web 端

图 1-3-37 腾讯微云计算机端

📢 小提示：腾讯微云的功能与百度网盘的功能大同小异,但是腾讯微云使用 QQ 号登录微云账号,可以更方便地将好友之间传递的文件,直接保存到腾讯微云网盘中。

实训操作

1. 体验百度网盘计算机端的相关功能,记录在表 1-3-4 中。

表 1-3-4 百度网盘相关功能操作记录表

功能	操作记录

2. 比较百度网盘和腾讯微云功能的异同,记录在表 1-3-5 中。

表 1-3-5 百度网盘和腾讯微云功能异同表

	不同点	相同点
百度网盘		
腾讯微云		

活动四 书写网络笔记

活动描述

阿杰在公司日常事务繁多,客户提出的需求和本职工作的相关事务等都需要记清楚并高质量完成。自从他使用网络工具软件书写笔记后，从来没有忘记过一件事，均能按时完成，深受领导、同事和客户的好评。

活动分析

要使用网络软件随时随地记录笔记，只需要注册成为"有道云笔记"用户，就可以很方便地在计算机端或手机端记录和阅读笔记。

活动展开

1. 申请有道云笔记账号

① 在浏览器地址栏中输入有道云网址，按下回车键，进入"有道云笔记"首页，如图1-3-38所示。

② 单击"进入网页版"按钮，进入登录页面。

③ 选择"手机验证码登录"选项卡。

④ 输入手机号码等信息，单击"登录"按钮，如图1-3-39所示，注册账号成功。

📢 小提示：登录有道云笔记可以使用"网易通行证登录"（网易邮箱）或"手机验证码登录"，还可以使用QQ、微信、新浪微博等其他账号登录。用户无论使用哪种方式首次登录，有道云都会生成一个账号作为下次登录的账号。

图1-3-38 "有道云笔记"首页

图1-3-39 注册有道云账号页面

2. 书写笔记

① 登录有道云笔记网页版。

② 单击"新文档"按钮，选择"新建笔记"命令，如图1-3-40所示，新建笔记。

📢 小提示：新建笔记有多种方式，可以选择"新建模板笔记""导入Word""上传文件"等方式，还可以新建文件夹。

③ 在标题栏中输入笔记名，如"20日工作备忘"。

④ 在文本编辑框中输入笔记正文。

⑤ 编辑完毕，单击"保存"按钮保存笔记，如图1-3-41所示。

📢 小提示：用户还可以使用文本编辑工具编排文本，在工具栏中可以选择"分享"、"阅读密码"等功能设置笔记。

图1-3-40　新建笔记	图1-3-41　编辑笔记

拓展提高

1. 了解"有道云笔记"客户端

为了方便用户,"有道云笔记"提供了适用于不同设备(个人计算机、手机、平板电脑)和不同操作系统(如 Windows、Android、MAC 等)的版本,供用户选择使用,如图1-3-42所示。在个人计算机上使用有道云笔记时,在"有道云笔记"网站单击"下载"选项,选择"Windows"版本,将客户端软件下载到本地计算机,根据安装提示安装即可。安装完毕,打开客户端软件,登录进入"有道云笔记"操作界面,如图1-3-43所示。

图1-3-42　下载软件

小提示:使用计算机端编辑的笔记,其内容保存在本地。如果需要与手机端、网页版同步,则只需单击"同步"按钮即可。

2. 熟悉"有道云笔记"常用功能

"有道云笔记"软件的功能简单实用,用好这些功能,将会提升记笔记的效率。

(1)翻译。可以将当前的笔记文本实现中英文互译。操作时,单击"翻译"按钮,弹出"请选择"对话框,选择"中文>英文"或"英文>中文"单选按钮,如图1-3-44所示,单击"翻译"按钮,

图 1-3-43 PC 客户端界面

即可实现翻译,如图 1-3-45 所示。

图 1-3-44 翻译文本

图 1-3-45 翻译结果

（2）插入。单击"插入"按钮,弹出下拉列表,在列表中可以选择插入"图片""附件""表格""横线""截图"等对象,如图1-3-46所示。

（3）分享。单击"分享"按钮,弹出分享设置对话框,用户可以设置分享权限,将笔记分享到微博、微信、QQ等即时通信工具,也可以直接复制网址分享,如图1-3-47所示。

图1-3-46　插入对象

图1-3-47　分享笔记

📢 小提示:"有道云笔记"还有许多简捷实用的功能,比如设置阅读密码、阅读视图、导出笔记等功能,你不妨试试!

 实训操作

1. 体验"有道云笔记"软件的"在线网页版""计算机版"和"手机版",比较它们之间的不同之处,记录在表1-3-6中。

表1-3-6　比较"有道云笔记"三种版本的不同之处

版本	不同之处
在线网页版	
计算机版	
手机版	

2. 使用"有道云笔记"软件写一篇图文并茂的笔记,并分享给好友。

任务评价

在完成本次任务的过程中,我们学会了传递信息的多种方式,请对照表1-3-7,进行评价与总结。

表1-3-7　评价与总结

评价指标	评价结果	备　注
1. 能够使用电子邮件传递信息	□A　□B　□C　□D	
2. 能够根据需要使用即时通信工具软件传递信息	□A　□B　□C　□D	

续表

评价指标	评价结果	备 注
3. 能够使用网络云盘存储信息	□A　□B　□C　□D	
4. 能够熟练书写网络笔记	□A　□B　□C　□D	
5. 能够积极主动展示学习成果,并帮助他人	□A　□B　□C　□D	

综合评价:

任务四　发布网络信息

情景故事

　　小薇毕业于某中职学校计算机应用专业,入职某知名企业的宣传部门工作。进入全媒体时代,微信、微博已成为公司即时宣传的重要手段。小薇凭借良好的专业基础,岗位工作表现得非常出色。

　　在本任务中,我们将一起学习利用微信公众号、易企秀发布信息。

任务目标

　　1. 能够熟练注册微信公众订阅号。
　　2. 能够熟练注册和管理微信公众订阅号。
　　3. 能够使用易企秀宣传推广工具。
　　4. 能够感受到工具软件给人们生活、学习和工作带来的便捷。

任务准备

　　微信公众订阅号、易企秀等软件是当前发布信息的重要平台和手段,学会使用这些软件传递信息是现代学生的必备技能。

　　1. 了解微信

　　微信(WeChat)是腾讯公司推出的一个为智能终端(手机、平板电脑)提供即时通信服务的免费应用程序。微信可以实现跨通信运营商、跨操作系统平台通过网络快速发送语音、文字、视频和图片等信息。同时,也可以通过共享流媒体信息和基于位置的社交插件("摇一摇""漂流瓶""朋友圈""公众平台""语音记事本"以及"网络支付")服务于生活和工作。用户可以通过"摇一摇""搜索号码""附近的人"、扫二维码方式添加好友,可以通过朋友圈、消息推送等发布信息,还可以用公众订阅号建立自媒体。

2. 认识微信公众平台

微信公众平台,简称公众号。用户利用公众账号平台进行自媒体活动,简单来说,就是进行一对多的信息发布活动,如商家申请公众微信服务号后通过二次开发展示商家微官网、微会员、微推送、微支付、微活动、微报名、微分享、微名片等活动。

微信公众平台下有服务号、订阅号、企业微信和小程序四类平台。它们各自的功能定位和服务对象有较大区别。

(1)服务号。微信公众平台服务号是为用户提供服务的公众平台。服务号1个月内可以发送4条群发消息,发给订阅用户的消息,会显示在对方的微信聊天列表中相对应微信的首页,服务号在订阅用户的通讯录中有一个公众号的文件夹,点开可以查看所有服务号,服务号可申请自定义菜单。

(2)订阅号。微信公众平台订阅号是为用户提供信息的公众平台。订阅号每天可以发送1条群发消息,发给订阅用户的消息,将会显示在对方的"订阅号"文件夹中,订阅号在订阅用户的通讯录的"订阅号"文件夹中。以个人(自然人)身份只能申请订阅号。

(3)企业微信。企业微信也称"企业号",是为帮助企业、政府机关、学校、医院等事业单位和非政府组织建立与员工、上下游合作伙伴及内部IT系统间的连接,并能有效地简化管理流程、提高信息的沟通和协同效率、提升对一线员工的服务及管理能力的公众平台。

(4)微信小程序。微信小程序简称"小程序",是一种不需要下载安装即可使用的应用服务。微信全面开放申请后,主体类型为企业、政府、媒体、其他组织或个人的开发者,均可申请注册小程序。微信小程序、订阅号、服务号、企业号是并行的体系。

用户要使用上述四类平台,需要先在"微信公众平台"网站注册,如图1-4-1所示,进行相关设置后即可拥有自己的媒体。

图1-4-1 微信公众平台网站首页

3. 认识易企秀

易企秀是一款针对移动互联网营销的手机网页 DIY 制作工具,用户可以编辑手机网页,分享到社交网络,通过报名表单收集潜在客户或其他反馈信息。

用户通过易企秀,无须掌握复杂的编程技术,就能简单、轻松制作基于 HTML5 的精美手机网页。同时,易企秀与主流社会化媒体(微信、QQ、微博)连通,让用户通过自身的社会化媒体账号就能进行传播,展示业务,收集潜在客户信息。易企秀提供统计功能,让用户随时了解传播效果,明确宣传、推广重点,进一步优化宣传、推广策略。

易企秀是一个免费平台,用户零门槛就可以使用易企秀进行移动自营销,从而持续积累用户。易企秀适用于企业宣传、产品介绍、活动促销、预约报名、会议组织、收集反馈、微信增粉、网站导流、婚礼邀请、新年祝福等。

使用易企秀,用户可以在其官网注册,即可制作网页,如图 1-4-2 所示。

图 1-4-2　易企秀网站首页

 任务设计

活动一　注册微信订阅号

活动描述

为了做好公司微信订阅号,小薇首先尝试注册个人微信订阅号,掌握订阅号的注册、管理功能,为更好地工作奠定基础。

活动分析

微信订阅号向个人(自然人)和团体(法人单位)开放,注册和管理都很简单,操作技术不存在难度。

活动展开

注册订阅号

① 启动浏览器程序,进入浏览器主页。

② 在地址栏中输入微信公众平台网址,按下回车键进入"微信公众平台"首页,如图1-4-3所示。

③ 单击"立即注册"链接,进入"注册"页面。

图1-4-3　"微信公众平台"首页

④ 在"注册"页面选择"订阅号",如图1-4-4所示。

⑤ 进入注册流程。

小提示:在微信公众平台中,只有订阅号接受个人(自然人)申请注册,其他均不接受个人注册。

图1-4-4　选择"订阅号"

⑥ 在"基本信息"页面设置"邮箱""密码"等信息,单击"继续"按钮,如图1-4-5所示。

小提示:一个邮箱只能注册一次,同时也要记住密码。

图1-4-5　输入基本信息

⑦ 选择注册地,如图1-4-6所示。

图1-4-6　选择注册地

⑧ 在"信息登记"页面的"主体类型"中选择"个人"。

⑨ 在"主体信息登记"栏中如实输入相关信息，如图 1-4-7 所示。

⑩ 完成设置后，单击"继续"按钮，进入"公众号信息"页面。

⑪ 在"公众号信息"页面输入"账号名称"和"功能介绍"等信息，如图 1-4-8 所示。

⑫ 完成设置后，单击"完成"按钮，弹出"注册成功"页面，即可进入公众号管理页面。

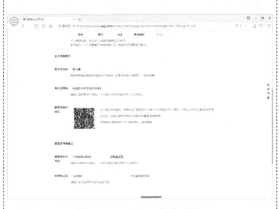

图 1-4-7 输入主体信息

图 1-4-8 输入公众号信息

拓展提高

1. 了解设置

首次申请公众订阅号，必须对公众号的二维码、管理者微信号等信息进行设置，才能更好地管理、推广公众号。操作时，登录公众订阅号后台管理页面，选择"设置"选项，如图 1-4-9 所示，用户根据实际情况，对"公众号设置""人员设置""微信认证"等方面进行相关设置。

（1）公众号设置。在"公众号设置"页面可以对公众号图像、二维码等多项信息进行设置。操作时，单击"公众号设置"按钮，打开"公众号设置"页面，如图 1-4-10 所示。

图 1-4-9 "设置"选项

该页面有"账号详情""功能设置"和"授权管理"三个选项卡。在"账号详情"选项卡中可以设置公众号图像、管理者微信号、介绍等信息；在"功能设置"选项卡中可以设置"隐私设置""图片水印"等选项；在"授权管理"选项卡中可以授权第三方平台编辑微信内容。

小提示：微信公众订阅号的二维码是推广和吸引用户的重要媒介。用户可以通过添加图像并下载二维码图片，将图片嵌入其他文本中，让用户扫描二维码关注公众订阅号。操作时，单击"修改图像"按钮，打开"修改图像"对话框，选择事先准备的图片，并调整图像的位置和显示

图 1-4-10　"公众号设置"对话框

形状,如图 1-4-11 所示,单击"下一步"按钮完成设置。然后单击"二维码"按钮下载二维码图片,如图 1-4-12 所示,用户即可使用二维码推广本公众订阅号。

图 1-4-11　修改图像　　　　　　　图 1-4-12　生成的二维码

（2）人员管理。微信公众订阅号可以让多人管理,绑定多个运营者微信号,提高工作效率。操作时,单击"人员设置"按钮,打开"人员设置"页面,单击"绑定运营者微信号"按钮,如图 1-4-13 所示。在"绑定运营者微信号"页面的"请输入需绑定的运营者微信号"文本框中输入微信号后进行搜索和选择,然后单击"邀请绑定"按钮,如图 1-4-14 所示。

小提示:微信公众订阅号管理运营者和运营者的权限不一样:管理运营者有开启/关闭风险操作保护,开启/关闭风险操作提醒,所有风险操作(登录、群发消息、修改服务器配置、修改 Appsecret、查看 Appsecret);运营者只有部分风险操作(登录、群发消息)权限。另外,微信公众订阅号暂时不开放个人主体号"微信认证"权限,而"安全中心""违规记录"等设置,用户可以根据相关提示进行操作,在此不一一介绍。

图 1-4-13 "人员设置"页面

图 1-4-14 邀请运营者

2. 了解功能

在微信公众订阅号后台管理平台的"功能"设置下有"自动回复""自定义菜单""投票管理""页面模板"等多项设置,如图 1-4-15 所示。用户设置好这些功能,可以更进一步优化公众订阅号的服务。

(1)自动回复。"自动回复"是公众订阅号与用户良好互动和智能化服务的一种设置。在"自动回复"页面有"关键词回复"、"收到消息回复"和"被关注回复"三个选项卡。操作时,单击"自动回复"选项,在页面中根据需要选择相关选项进行设置,如设置"被关注回复",用户可以文本、图片、语音或视频等信息形式进行回复,如图 1-4-16 所示。

(2)自定义菜单。为了让公众订阅号与用户更好地交互和提供给用户更多的信息,可以自定义菜单,将一些常用的内容分门别类地呈现在菜单中,供用户选择使用。单击"自定义菜单"按钮,打开"自定

图 1-4-15 "功能"选项

图 1-4-16　设置回复内容

义菜单"页面,如图 1-4-17 所示。单击"添加菜单"按钮,打开"菜单编辑中"页面,用户可以根据相关选项进行设置。例如,在"菜单名称"文本框中输入"微文",在预览框中即可呈现效果,如图1-4-18 所示。

图 1-4-17　"自定义菜单"页面

　　小提示:在"自定义菜单"页面可以设置主菜单和二级菜单,菜单响应可以是发送消息、跳转网页和跳转到小程序等。发送消息的内容可以从素材库选择、自建图文和转载文章等。用户可以根据需要进行设置。

　　(3)投票管理。使用"投票管理"功能可以使用订阅号的传播优势发起调研问卷工作。操作时,单击"投票管理"按钮,打开"投票管理"页面,如图 1-4-19 所示。根据投票内容可以以

图 1-4-18 编辑菜单

"选择题"的方式制作投票内容。制作完成后,单击"保存并发布"按钮,发布投票内容。当公众订阅号用户收到内容即可参加投票或转发投票。

图 1-4-19 投票管理

(4)页面模板。编辑发布订阅号消息时,一条信息中可以一项内容,也可以多项内容。如果要让订阅用户有更好的阅读效果,需要对版式进行设计。"页面模板"提供了两种版式供用户选择。操作时,单击"页面模板"按钮,打开"页面模板"页面,单击"添加模板"按钮,如图 1-4-20 所示。在"模板样式"页面选择模板,如图 1-4-21 所示,进入页面编辑页面后,用户可以选择其中模板添加相应内容,编辑消息,如图 1-4-22 所示。编辑完成后,单击"发布"按钮发布编辑的消息。

图 1-4-20　添加模板

图 1-4-21　选择模板

　　小提示：微信订阅号还提供了文章"赞赏"、"原创"等功能。"赞赏"功能是让读者给文章发布者"支付"数额不等的费用(如 2 元、4 元、256 元等)，而"原创"是给作者原创文章的一个标志。原创文章在微信订阅号首发后，其他公众订阅号需要转载时，就会提示该文章已经标记"原创"，若确认转载，读者在阅读该文章时，系统会自动跳转到首发的公众订阅号。这些功能的设置非常简单，在此不做介绍。

　　3. 创建图文消息

　　设置好公众订阅号后台相关选项后，即可以编辑图文消息。单击"素材管理"按钮，打开"素材管理"页面，如图 1-4-23 所示。在"素材管理"页面有"图文消息""文字""图片""语音""视频"等选项，用户可以选择"图文消息"选项，单击"新建图文素材"按钮，创建图文消息，如图

图 1-4-22 应用模板

1-4-24 所示。在"图文消息"页面,使用相关工具,编辑图文消息。编辑完成后,单击"保存"按钮,保存编辑的内容。

图 1-4-23 "素材管理"页面

📢 小提示:微信消息可以是单独的文字、图片、声音或视频,也可以是它们的组合。要编辑发布图文并茂的消息,就需要将除文字以外的素材上传到网上,并分别在"图片""语音""视频"等选项中上传,使用时,从相应的素材库中调取即可。

实训操作

1. 了解微信公众平台中四种服务功能,并向同学们做介绍。
2. 申请一个班级公众订阅号,设置公众号相关功能。

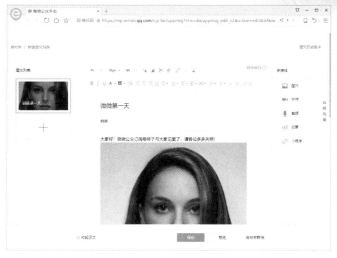

图1-4-24 "图文消息"编辑页面

活动二 编辑与发布消息

活动描述

小薇自从注册了个人公众订阅号以后,每天都抽出一些业余时间来采集、整理文稿,编辑发布消息,这些工作很费时间,后来,小薇使用了一款叫"秀米"的图文在线编辑软件,大大提高了工作效率。

活动分析

"秀米"编辑器是一款功能强大的微信公众订阅号编辑软件。用户只需要利用该编辑器提供的组件和模板,就可以像搭积木一样完成一篇消息的编辑。同时,微信公众订阅号已经把"秀米"作为第三方插件进行了官方验证,用户在使用的过程中,只需要设置"同步到公众微信号"即可实现同步上传到微信公众订阅号后台。技术操作简单,技术难度低。

活动展开

1. 注册"秀米"账号

① 打开浏览器,在地址栏中输入"秀米"网站网址,按下回车键进入网首页,如图1-4-25所示。

② 单击"登录"按钮,打开登录页面。

③ 在"登录"页面单击"微信"登录图标,如图1-4-26所示。

④ 用手机微信扫描弹出的二维码,打开"新用户注册"页面。

📢 小提示:用户还可以使用手机、邮箱、QQ、微博等账号注册登录。

⑤ 单击"同意成为新用户"按钮,打开"绑定手机号"页面。

图1-4-25　"秀米"网站首页

图1-4-26　登录"秀米"网站

⑥ 在"手机号"文本框输入手机号,单击"发送验证码"按钮。

⑦ 在"验证码"文本框输入收到的验证码,如图1-4-27所示。

⑧ 单击"确定"按钮,完成注册和登录。

2. 同步微信号

① 单击"我的秀米"按钮,打开"我的图文"页面。

② 单击"同步多图文到公众号"按钮。

③ 打开"授权公众号"页面,单击"先授权公众号"按钮,如图1-4-28所示。

图1-4-28　授权公众号

图1-4-27　绑定手机号

④ 打开"授权选项"页面,单击"公众号授权"按钮。

⑤ 手机微信扫描二维码,选择微信公众号名称,完成授权。

⑥ 授权成功后,鼠标移动到"同步到公众号"按钮,即可查看授权结果,如图1-4-29所示。

小提示:授权微信公众号成功后,编辑的图文消息即可直接发送到公众号后台。

3. 编辑图文消息

① 回到"我的秀米"页面,单击"添加新的图文"按钮,打开图文编辑页。

② 单击模板图片,弹出图片框,上传事先准备的图片,然后应用到模板图片。

③ 然后在文本框中输入合适的文字,如图1-4-30所示。

小提示:用户可以在编辑图文消息之前将要用的素材上传到素材库中,可以提升编辑效率。

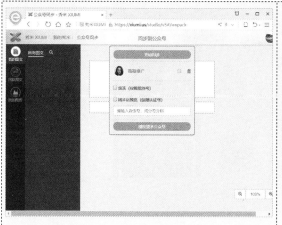

图 1-4-29　授权成功

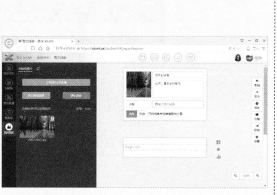

图 1-4-30　编辑封面

④ 根据需要选用"标题""卡片"等模板编辑图文消息。

⑤ 编辑完成，单击"同步到公众号"按钮，选择"同步到公众号"选项，如图1-4-31所示，将内容同步到公众号。

⑥ 登录微信公众号，单击"素材管理"，单击图文消息右下角的"编辑"按钮，

⑦ 浏览内容，单击"保存并群发"按钮，如图1-4-32所示。

⑧ 按照提示，完成发布信息操作。

图 1-4-31　同步到公众号

图 1-4-32　发布信息

拓展提高

1. 了解图文模板

"秀米"软件为用户提供了"标题""卡片""图片""布局""引导""组件""节日"等类型的模板，如图1-4-33所示。使用时，只需要选择模板类型，对应的模板就呈现在模板框中，单击模板即可将其添加到图文中，如图1-4-34所示。

用户可以根据实际需要替换模板中的内容，还可以修改模板及内容。选择模板中的对象（文本、图片等）时，弹出对象编辑工具栏，使用工具可以修改对象，如图1-4-35、图1-4-36所示。

图 1-4-33　"秀米"模板

图 1-4-34　使用模板

图 1-4-35　修改布局框

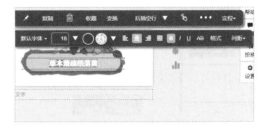

图 1-4-36　修改文本

2. 了解图文收藏

在编辑图文消息时,经常会用到的固定的内容可以收藏到"图文收藏"列表中,使用时直接选择即可。操作时,在图文编辑框中选择编辑好的模板,在工具栏中单击"收藏"按钮即可将该模板收藏到"图文收藏"列表中,如图 1-4-37 所示。

3. 了解我的图库

在编辑图文消息时,若文中需要用到本地图片,必须先将图片文件上传到"我的图库"中,再选择"我的图库",打开"未标签图片"对话框,单击"上传图片"按钮,即可上传图片,如图 1-4-38 所示。

图 1-4-37 收藏图文   图 1-4-38 上传图片

实训操作

1. 注册秀米账号,绑定微信公众号。
2. 使用"秀米"软件编辑图文消息,同步到微信公众号并发布图文消息。

活动三 宣传推广秀一秀

活动描述

每当公司推出新品或举办活动,小薇都要负责策划、组织和宣传的工作。为了提升宣传效果,丰富宣传形式,小薇充分利用信息技术和移动媒体的功能,制作、发布宣传广告,收到了较好的效果。

活动分析

"易企秀"是一款制作移动端广告的在线专业软件。其界面简洁,功能齐全,操作比较简单。

活动展开

1. 制作易企秀作品

① 在浏览器地址栏中输入"易企秀"网址,按下回车键,进入"易企秀"首页。

② 单击"登录"按钮,打开"登录"页面。

③ 选择登录方式,如图 1-4-39 所示,登录"易企秀"。

🔊 小提示:可以用手机号、邮箱和用户名注册"易企秀",也可以使用微信、QQ、微博等账号登录。

④ 选择"创新模板"选项,打开"H5"模板页面。

⑤ 单击"空白创建"按钮,如图 1-4-40 所示,进入制作页面。

🔊 小提示:用户还可以使用模板创建或修改其他主题模板创新作品。

图 1-4-39 登录"易企秀"

图 1-4-40 选择模板

⑥ 在"模板中心"选择合适的模板,如"中国风封面动画"。

⑦ 在"模板设置"对话框相关选项中设置模板对象,如图 1-4-41 所示。

⑧ 单击"+常规页"按钮,添加页面,如图 1-4-42 所示。

⑨ 制作页面内容,完成制作后,单击"预览与设置"按钮,打开"预览与设置"对话框。

图 1-4-41 修改模板内容

图 1-4-42 添加页面

⑩ 在"标题""描述"文本框中输入相关信息。

⑪ 设置"翻页方式"等选项。

⑫ 单击"发布"按钮,发布作品,如图 1-4-43 所示。

📢 小提示:发布作品后,可以将作品网址复制后发布到 QQ、微信等移动社交平台,还可以下载二维码传播该作品。

图 1-4-43 发布作品

拓展提高

1. 认识模板

"易企秀"提供了"单页模板"和"功能模板"两种模板。单页模板按照"封面""正文""时间轴""表单""尾页""图集"等类别提供了一页的内容,用户可以直接将单页模板添加到新建的页面中,选择其中的对象,在"组件设置"对话框中修改模板中的内容,如图 1-4-44 所示。功能模板按照"互动""营销""动效""排版"等类别提供了具有相关功能设置的模板,用户使用时,只需在"模板设置"对话框中更改少量素材(如更换图片)操作即可完成一幅作品,如图 1-4-45 所示。

图 1-4-44　修改单面模板

图 1-4-45　修改功能模板

2. 认识工具

软件为用户提供了"文本""图片""背景""音乐""表单"等素材处理工具。用户根据创建页面的实际需要运用不同的工具。

（1）文本。使用"文本"工具可以在页面中创建文本、艺术字等。操作时，单击"文本"工具，双击页面文本框输入文本，然后在"组件设置"对话框中设置文本"样式""动画""触发"等效果，如图1-4-46所示。

图1-4-46　添加文本

（2）图片。使用"图片"工具可以给页面添加图片。操作时，单击"图片"工具，打开"图片库"对话框，用户可以选择软件提供的图片，也可以从手机或本地上传图片，如图1-4-47所示。当把图片添加到页面后，同样可以在"组件设置"对话框中设置对象属性。

图1-4-47　添加图片

　小提示：在"图片库"中，软件还按照"背景""元素""图标""文字""边框"等类别提供了丰富的图片。

（3）背景。用户可以使用"背景"工具设置页面背景。操作时，单击"背景"工具，在"图片库"中选择一幅图片或者使用本地图片作为页面背景，如图1-4-48所示。

图 1-4-48　添加背景

（4）音乐。用户可以使用"音乐"工具设置页面音乐。操作时,单击"音乐"工具,在"音乐库"中选择一首音乐作为页面音乐,也可以将本地音乐上传后添加到页面,如图 1-4-49 所示。

图 1-4-49　添加音乐

（5）形状。软件为用户提供了"图形""文字""图标"等类型的矢量图形。使用时,选择一个形状后,单击该形状,可以在"组件设置"对话框中设置形状的"样式""动画"和"特效"等属性,如图 1-4-50 所示。

（6）组件。软件为用户提供了 5 个类别共 26 种组件,如图 1-4-51 所示。使用时,直接单击组件图标即可添加到页面。

（7）表单。软件为用户提供了各种不同的表单,如图 1-4-52 所示。用户使用这些表单能够收集客户反馈的信息,提升媒体的交互功能。操作时,用户根据需要选择合适的表单,添加到页面即可。

（8）特效。软件提供 6 种页面特效,增加了页面的可视度。操作时,选择页面,单击"特效",在"页面特效"对话框中选择一种特效即可增加页面特效,如图 1-4-53 所示。

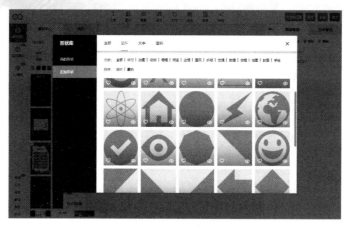

图 1-4-50　"形状"面板

图 1-4-51　"组件"面板

图 1-4-52　添加表单

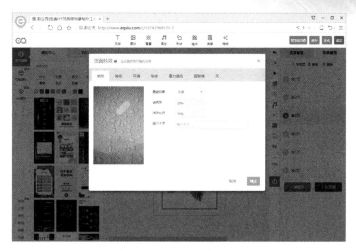

图 1-4-53　设置页面特效

3. 了解页面设置

在"页面设置"对话框中可以设置页面的"背景""音乐"等。操作时,单击"页面设置"按钮,打开"页面设置"对话框,在该对话框中设置相关选项,优化页面设置,如图 1-4-54 所示。

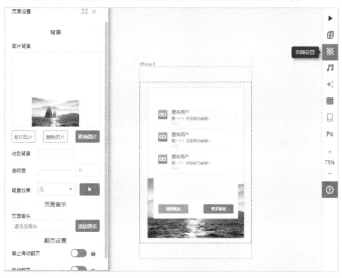

图 1-4-54　设置页面

4. 了解页面管理

在"页面设置"对话框中可以进行新建、复制、删除页面等操作,比如新建一个页面,只需要单击"+常规页"按钮,即可新建一个页面,如图 1-4-55 所示。

5. 了解图层管理

页面中的对象按照创建先后顺序建立图层关系。用户可以在"图层管理"对话框中,调整对象的图层关系,如图 1-4-56 所示。

图 1-4-55 管理页面

图 1-4-56 管理图层

实训操作

1. 注册"易企秀"用户。

2. 拟一个活动主题,用"易企秀"软件创建一个作品,并发布出来,与同学们交流。

任务评价

在完成本次任务的过程中,我们学会了传递信息的多种方式,请对照表 1-4-1,进行评价与总结。

表 1-4-1 评价与总结

评价指标	评价结果	备注
1. 能够注册公众订阅号	□A □B □C □D	
2. 会设置公众订阅号相关选项	□A □B □C □D	
3. 能够制作并发布图文消息	□A □B □C □D	
4. 能够制作"易企秀"作品	□A □B □C □D	
5. 能够积极主动展示学习成果,并帮助他人	□A □B □C □D	

综合评价:

项目二　处理图像信息

图像是信息的重要表现形式。图像处理是对图像进行分析、加工和处理，使其满足视觉、心理以及其他要求的技术。目前大多数的图像是以数字形式存储，因而图像处理一般是指数字图像处理。户外广告、时尚杂志上的图像，一般都是经过计算机图像处理的美术作品。要对图像进行处理，首先要创建或获取原始图像，获取原始图像的途径一般包括：使用图像软件绘制；用数码相机拍摄；用扫描仪扫描；从计算机屏幕上截取；从网络下载或从光盘图片库复制，等等。然后使用图像编辑软件对图像进行编辑与处理。

进入信息时代，图像处理与日常生活和工作都息息相关，如处理数码照片、编辑图文并茂的简历或述职报告……因此，使用软件处理图像不仅是我们必须掌握的一种技能，而且是提高工作效率的有效途径。

在本项目中，我们将学会使用软件处理图像信息。

 项目分解

├任务一　捕捉屏幕
├任务二　管理图像
├任务三　处理图像

任务一　捕捉屏幕

情景故事

王俊毕业于某中等职业技术学校计算机应用专业,凭借过硬的技术和良好的口才,进入了一家计算机培训机构工作,给学员讲授计算机知识与技术。

为了使课堂更精彩,王俊在上课前认真准备了内容丰富的演示文稿。演示文稿中所使用的大量图片都是课堂上所教软件的截图。因此,捕捉屏幕图像成为备课过程中最多的工作。

在本任务中,将使用"红蜻蜓抓图精灵"软件捕捉屏幕图像。

任务目标

1. 了解捕捉屏幕图像的基本原理。
2. 能够使用工具软件捕捉屏幕图像。
3. 能够对捕捉的图像进行简单处理。
4. 能够感受到捕捉屏幕图像软件给生活、学习和工作带来的便捷。

任务准备

1. 了解捕捉屏幕

捕捉屏幕也就是将计算机当前屏幕状态的全部或部分截取成为静态图像的过程。操作时,先将屏幕当前状态以一张图像的形式复制到"剪贴板"上,然后粘贴到图像编辑软件中,与文件的复制、粘贴过程类似。捕捉屏幕有两种方法:按 Print Screen/SysRq 或 Alt+Print Screen/SysRq 键捕捉当前屏幕;用软件捕捉屏幕。

(1)按键捕捉。要对当前屏幕捕捉,可以按 Print Screen(捕捉全屏)或 Alt+Print Screen 键(捕捉当前活动窗口),将捕捉对象复制到"剪贴板"上,然后启动图像处理软件(如 Windows 系统自带的"画图"程序),新建一个文件,按 Ctrl+V 键,即可将捕捉的对象粘贴到图像处理软件中。

(2)软件捕捉。软件捕捉与按键捕捉的原理一样,但弥补了按键捕捉屏幕的不足(如,按键捕捉屏幕不能捕捉屏幕操作状态下的鼠标指针),丰富了屏幕捕捉的模式(如捕捉整个屏幕、活动窗口、选定区域、固定区域等)。不同的捕捉软件,其操作方法略有差别。

2. 认识矢量图与位图

计算机图形主要有矢量图和位图两种类型。矢量图是使用图形软件通过数学的向量方式进行计算得到的图形,它与图像的分辨率没有直接的关系,因此,可以进行任意缩放、旋转等变换而不会影响图形的品质,如图 2-1-1 所示,"香水瓶"放大 800% 后的局部效果,其图形仍然光滑、清晰。

图 2-1-1　矢量图放大效果

位图也称为点阵图像,由称为像素的小方块组成,每个像素都映射到图像中的一个位置,并具有颜色数字值。捕捉屏幕的图像就是典型的位图。位图与分辨率息息相关,也就是说,它们提供固定的像素数。虽然位图在实际大小下表现色彩的变化和颜色的细微过渡,效果逼真,但在缩放时,或在高于原始分辨率下显示或打印时会显得参差不齐或降低图像质量。当放大位图时,可以看见像素点就变成了方块,如图 2-1-2 所示。

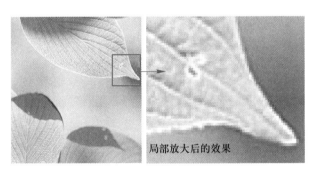

图 2-1-2　位图放大效果

3. 了解常用图像文件格式

图像文件格式是记录和存储影像信息的格式。对数字图像进行存储、处理、传播,必须采用一定的图像格式,也就是把图像的像素按照一定的方式进行组织和存储,把图像数据存储成文件就得到图像文件。图像文件格式决定了应该在文件中存放何种类型的信息、文件如何与各种应用软件兼容、文件如何与其他文件交换数据。

1) BMP

BMP(位图格式)是 Windows 操作系统中的标准图像文件格式。BMP 格式支持 RGB、索引颜色、灰度和位图颜色模式,但不支持 Alpha 通道。BMP 格式支持 1、4、24、32 位的 RGB 位图。

2）TIFF

TIFF（标记图像文件格式）用于在应用程序之间和计算机平台之间交换文件。TIFF 是一种灵活的图像格式，所有绘画、图像编辑和页面排版应用程序都支持 TIFF 格式。大部分扫描仪都可以生成 TIFF 图像，而且 TIFF 格式还可加入作者、版权、备注以及自定义信息，存放多幅图像。TIFF 也可简写为 TIF。

3）GIF

GIF（图像交换格式）是为在网络上传输图像而创建的文件格式，它支持透明背景和动画，广泛应用于网络文档中。GIF 格式采用 LZW 无损压缩算法，压缩效果较好，缺点是存储色彩最高只能达到 256 种。

4）JPEG

JPEG（联合图片专家组）是目前所有格式中压缩率最高的图像文件格式。当对图像的精度要求不高而存储空间又有限时，一般选择使用 JPEG 格式。

5）PDF

PDF（可移植文档格式）是一种通用的文件格式，它支持矢量数据和位图数据，具有电子文档搜索和导航功能，是 Adobe Illustrator 和 Adobe Acrobat 的主要文档格式。PDF 格式支持 RGB、CMYK、索引、灰度、位图和 Lab 模式，但不支持 Alpha 通道。

6）PNG

PNG（可移植网络图形）格式是一种跨平台的位图文件格式，支持高级别无损压缩。

4. 获取"红蜻蜓抓图精灵"软件

"红蜻蜓抓图精灵"是一款免费软件，可以到"红蜻蜓抓图精灵"（http://www.rdfsnap.cn）官网下载该软件，然后根据安装提示完成软件的安装，安装后即可使用。

 任务设计

活动一　捕捉屏幕图像

活动描述

王俊在备课的过程中，经常是一边录入文本，一边操作软件，同时，还要截取软件操作过程中关键步骤的图像插入到文本中，使备课稿图文并茂。

活动分析

使用"红蜻蜓抓图精灵"软件，只需要设置相关选项，就能够实现屏幕截图的功能，十分简单。

活动展开

<table>
<tr>
<td>

捕捉活动窗口

① 启动"红蜻蜓抓图精灵"软件,进入软件操作界面。

② 单击"活动窗口"按钮,确定捕捉模式,如图 2-1-3 所示。

③ 按 Ctrl+Shift+C 键,捕捉屏幕。

图 2-1-3 "红蜻蜓抓图精灵"软件界面

</td>
<td>

④ 在捕捉浏览窗口中浏览捕捉的图像。

⑤ 单击标准工具栏上的"另存为"按钮,保存捕捉的图像,如图 2-1-4 所示。

小提示:若对捕捉的图像不满意,可以单击标准工具栏上的"取消"按钮取消本次操作;单击"剪贴板"按钮可以将捕捉的图像复制到剪贴中;单击"完成"按钮返回"红蜻蜓抓图精灵"软件界面。

图 2-1-4 保存图像

</td>
</tr>
</table>

拓展提高

1. 设置输入选项

在捕捉屏幕前,用户应该根据自己的需要预先设置"输入"选项。"输入"选项的设置可以单击软件界面左边快捷操作按钮或在"输入"菜单中完成,如图 2-1-5 所示。但需要注意的是,一定要设置是否同时捕捉光标,如果你不想让鼠标指针影响抓图效果,不要选择"包含光标"选项。

(1)整个屏幕。在"整个屏幕"模式下的抓图功能和用键盘上 PrintScreen 键的功能相似,在图 2-1-3 的左下角单击"捕捉"按钮或在默认状态下使用捕捉热键即可完成全屏捕捉。虽然在捕捉时"红蜻蜓抓图精灵"的工作界面也在屏幕上,但是在默认情况下,捕捉后的图像是不包括该界面的。如果想要抓取的全屏图像包含"红蜻蜓抓图精灵"的活动界面,可在"高级"选项中取消勾选"捕捉图像时,自动隐藏红蜻蜓抓图精灵窗口"复选框即可,如图 2-1-6 所示。

(2)活动窗口。在"活动窗口"模式下的抓图功能和用键盘上 Alt+PrintScreen 键抓取当前活动窗口的功能相似。

(3)选定区域。在"选定区域"模式下,可以在屏幕上使用矩形选框选择想要抓取的区域,如图 2-1-7 所示,然后单击鼠标左键确定。如果想放弃捕捉,单击鼠标右键即可。

(4)固定区域。在"固定区域"模式下,可以抓取自定义长宽的矩形区域中的图像。定义时,单击"常规"选项,设置固定区域的"长度"和"宽度"。捕捉时,移动固定大小的矩形选框选

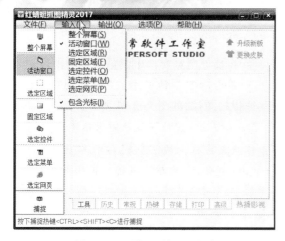

图 2-1-5　设置"输入"选项

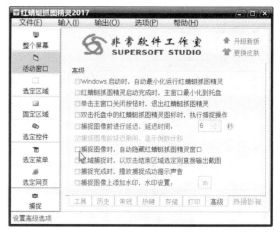

图 2-1-6　设置高级选项

图 2-1-7　选定区域模式

择捕捉的区域,如图 2-1-8 所示,单击鼠标左键确定捕捉,单击鼠标右键放弃捕捉。

　　(5)选定控件。在"选定控件"模式下,可以抓取屏幕上任意窗口(活动和非活动的窗口均可)中的单独控件,例如捕捉"Windows 资源管理器"窗口中的文件夹列表。抓取时,先勾选"常规"选项中的"选定控件捕捉时,鼠标指向的区域闪烁显示"复选框,当鼠标停留在一定的控件上时,会有闪烁的红色提示框提示选取成功,如图 2-1-9 所示。单击鼠标左键确定捕捉,单击鼠标右键放弃捕捉。

　　(6)选定菜单。在"选定菜单"模式下,应使用捕捉热键或延迟捕捉方式进行捕捉。热键捕捉先用鼠标或键盘弹出要捕捉的菜单,然后将鼠标指针放在要捕捉的菜单上,并按下捕捉热键开始捕捉;延迟捕捉就需要在"高级"选项中先开启延迟捕捉的相关选项,用户就可以通过热键或捕捉按钮等发出捕捉命令,捕捉倒数计秒开始,在倒数计秒期间用户可以将鼠标指针放到要捕捉的菜单上,倒数计秒结束后开始捕捉,如图 2-1-10 所示,其捕捉的图像如图 2-1-11 所示。

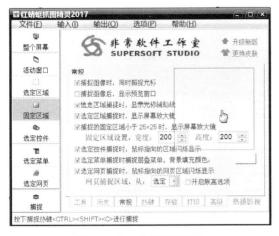

图 2-1-8 固定区域模式

图 2-1-9 选定控件模式

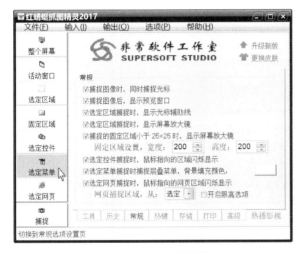

图 2-1-10 选定菜单模式

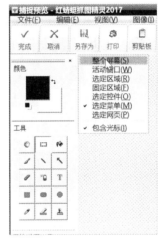

图 2-1-11 捕捉效果

（7）选定网页。在"选定网式"模式下,可以捕捉网站当前页面的整个页面。比如捕捉"高等教育出版社"网站首页整个页面时,先打开网站首页,选择"选定网页"模式,在"常规"选项中勾选"选定网页捕捉时,鼠标指向的区域闪烁显示"复选框,如图 2-1-12 所示,将鼠标移动到网页页面上,有闪烁的红色提示框提示选取成功,单击鼠标左键即完成捕捉,效果图如图 2-1-13 所示。

2. 设置输出选项

"红蜻蜓抓图精灵"软件提供了多种图像输出方式,可以将捕捉到的图像保存成图像文件、复制到剪贴板、输出到 Windows"画图"程序或者将其发送到打印机打印等。根据实际需要,单击"输出"菜单,选择相关输出选项即可,如图 2-1-14 所示。

（1）文件。当输出方式选择为"文件",取消勾选"捕捉图像后,显示预览窗口"复选框,捕捉完成时,会直接弹出"保存图像"对话框,捕捉的图像会按数量自动以"截图 00""截图 01"等命名,默认格式为 PNG 格式,如图 2-1-15 所示。

图 2-1-12 选定网页模式

图 2-1-13 网页捕捉效果

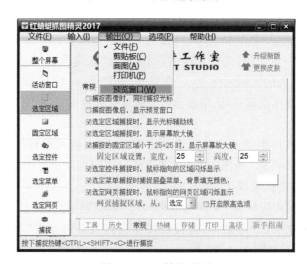

图 2-1-14 输出选项

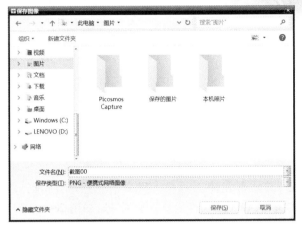

图 2-1-15 "保存图像"对话框

🔊 小提示:若在"输出"菜单中选择了"预览窗口"选项,捕捉图像后会弹出"捕捉预览"对话框,单击"完成"按钮进入"保存图像"对话框。

(2)剪贴板。当输出方式选择为"剪贴板",取消勾选"捕捉图像后,显示预览窗口"复选框,捕捉的图像直接复制到"剪贴板"上,启动图像处理软件,新建文件,可将捕捉的图像粘贴到新建的文件中。

(3)画图。当输出方式选择为"画图"时,取消勾选"捕捉图像后,显示预览窗口"复选框,捕捉完成时,直接启动 Windows 系统自带的"画图"软件,并将捕捉的图像粘贴到"画图"软件中;若在"输出"菜单中选择"预览窗口"选项,单击"捕捉预览"窗口工具栏中的"完成"按钮,同样启动 Windows 系统自带的"画图"软件,并将捕捉的图像粘贴到"画图"软件中。

(4)打印机。当输出方式选择为"打印机"时,取消勾选"捕捉图像后,显示预览窗口"复选框,捕捉完成即直接将捕捉的图像传输到打印机中打印;若选择"捕捉图像后,显示预览窗口"复选框,单击"捕捉预览"窗口工具栏中的"完成"按钮,同样输出到打印机。

🔊 小提示:"红蜻蜓抓图精灵"软件中还有"历史""常规""热键""存储""打印"等选项的多项设置,其功能在此不再赘述。

实训操作

1.使用"红蜻蜓抓图精灵"软件,捕捉该软件的界面。
2.打开自己喜欢的网站,使用"红蜻蜓抓图精灵"软件捕捉该网站首页。
3.尝试"红蜻蜓抓图精灵"软件的多种捕捉模式,与同学分享活动收获。

活动二 简单处理图像

活动描述

王俊在备课的过程中经常需要在捕捉的图像上做出标记,突出重点,引起学生注意。

活动分析

在"红蜻蜓抓图精灵"软件的"捕捉预览"窗口,使用工具箱中的工具即可完成。

活动展开

编辑图像

① 启动"红蜻蜓抓图精灵"软件,捕捉屏幕图形。

② 单击"捕捉预览"对话框左侧工具箱中的"圆角矩形工具"按钮,选择工具。

③ 单击确定矩形框的起点,拖曳鼠标至终点,单击确定矩形框的大小,如图 2-1-16 所示。

图 2-1-16　添加矩形框

④ 单击工具箱中的"文字工具"按钮,选择工具。

⑤ 单击确定文字输入位置,在弹出的"编辑文字"对话框中输入要添加的文字,设置字体、字号,如图 2-1-17 所示。

⑥ 设置完毕,单击"关闭"按钮,确定输入。

📢 **小提示**:"红蜻蜓抓图精灵"软件工具箱中的工具与 Windows 操作系统自带的"画图"软件的工具大同小异,操作简单,大家可以试一试。

图 2-1-17　添加文字

⑦ 编辑完毕,单击"另存为"按钮,保存文件。

⑧ 在"保存图像"对话框中选择图像保存路径。

⑨ 输入文件名和确定保存文件类型,单击"保存"按钮即可保存,如图 2-1-18 所示。

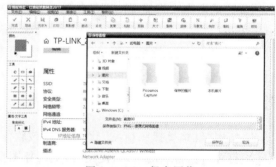

图 2-1-18　保存图像

拓展提高

1. 了解工具箱

用户可以使用"红蜻蜓抓图精灵"软件工具箱中的"选区工具""绘图工具""文字工具"和"印章工具"简单处理捕捉图像。如使用"印章工具"给图像添加"箭头""光标""批注""标注"等,如图 2-1-19 所示。

图 2-1-19 给图像添加"光标"

2. 了解标准工具栏

"捕捉预览"窗口标准工具栏中有"保存""另存为""打印""剪贴板""旋转"等多个工具按钮,如图 2-1-20 所示,可以对捕捉的图像进行剪裁、翻转、旋转、特效等多种编辑操作,完成图像的简单处理。

图 2-1-20 标准工具栏

小提示:屏幕抓图软件的种类较多,如"屏幕截图精灵""PicPick"等,不妨尝试使用几款,比较其优缺点。

 实训操作

1. 使用"红蜻蜓抓图精灵"软件捕捉一张图片,并在上面添加标记和文字。
2. 尝试使用 2~3 种屏幕捕捉软件,比较其功能,记录在表 2-1-1 中,并与同学交流。

表 2-1-1 评选"优秀"屏幕捕捉软件

软件名称	性质	比较
	□共享 □免费 □其他	
	□共享 □免费 □其他	
	□共享 □免费 □其他	

任务评价

在完成本次任务的过程中,我们学会了使用软件捕捉屏幕,请对照表 2-1-2,进行评价与总结。

表 2-1-2 评价与总结

评价指标	评价结果	备注
1. 知道捕捉屏幕图像的基本原理	□A □B □C □D	
2. 能够使用工具软件捕捉屏幕图像	□A □B □C □D	
3. 能够对捕捉的图像进行简单处理	□A □B □C □D	
4. 能够积极主动展示学习成果,并帮助他人	□A □B □C □D	
5. 能够感受到捕捉屏幕图像软件给工作带来的便捷	□A □B □C □D	

综合评价:

任务二 管理图像

情景故事

丁刚毕业于某中等职业技术学校计算机应用专业,凭借较好的图形图像处理和网页制作技术,成功竞聘某大型图片新闻专业网站的编辑岗位。编辑每天的工作流程就是先将作者投稿进行分类,再对图片进行简单处理,然后及时上传并发布到网站。

根据图片新闻网站的特点,对编辑要求做到三"快",即收到新闻稿件的反应快——判断是否发表;稿件的处理快——处理图片和编辑文字;稿件的发表快——及时发布稿件。在处理稿件过程中,最耗费时间的就是对图片进行处理。因此,利用好图像处理软件是提供工作效率的"法宝"。

本任务中将使用 ACDSee 软件管理图像。

任务目标

1. 能够使用图像管理软件批量管理图像。
2. 能够使用图像管理软件对图像进行简单处理。
3. 能够感受到图像管理软件给生活、学习和工作带来的便捷。

任务准备

1. 认识图像的像素与分辨率

像素是组成位图图像最基本的元素,每一个像素都有自己的位置,并记载着图像的颜色信息。图像包含的像素越多,颜色信息就越丰富,图像效果也就会越好,但文件占据的存储空间也会随之增加。

分辨率是指单位尺寸内包含像素点的数量,通常用 ppi(像素/英寸)表示,如 72 ppi 表示每英寸包含 72 个像素点。在图像尺寸相同的情况下,图像的分辨率越高,图像越清晰、细腻、逼真,图像占据的存储空间也就越大。图像分辨率的大小与该图像的用途有关,如果是用于打印输出的图像,一般分辨率不低于 300 ppi;若只用计算机屏幕显示(如网页中的图像),分辨率只需要 72 ppi 即可。

　　2. 获取 ACDSee 软件

　　我们在软件专营店或 ACDSee 中国官方网站下载软件的免费版,然后根据软件安装向导,将软件安装到计算机中。

　　3. 认识 ACDSee

　　ACDSee 软件是一款流行的图像管理工具。ACDSee 提供良好的操作界面、简单人性化的操作方式、优质快速的图形解码方式,ACDSee 支持丰富的图形格式,有强大的图形文件管理功能。广受用户的好评。

　　正确安装 ACDSee 官方免费版软件,启动 ACDSee 后进入操作界面,如图 2-2-1 所示。用户可以轻松找到用于浏览、查看、编辑和管理图像等功能。ACDSee 官方免费版提供了"管理""查看""编辑"三种模式,根据需要可进入不同的模式,运用相关的命令或工具即可实现图像管理。

图 2-2-1　ACDSee 官方免费版界面

任务设计

活动一　批量处理图像

活动描述

　　丁刚在编辑稿件的过程中,需要将图像按网站规定的图像尺寸、文件格式和命名要求进行处理,这些操作虽然简单,但是由于数量大且都是重复操作,需要花去很多时间,ACDSee 软件的批量处理功能能使这些操作变得非常简单。

活动分析

使用 ACDSee 软件,只需点点鼠标、输入简单的参数即可实现批量处理的操作。

活动展开

1. 批量重命名图像文件

① 启动"ACDSee 官方免费版"软件,进入软件操作界面。

② 在"文件夹"窗口中选择图像所在的文件夹。

③ 选择需要重新命名的文件。

小提示:按住 Ctrl 键,单击文件名依次选择文件,按住 Shift 键,单击首尾两个文件选择多个文件。

④ 单击"批量"下拉列表,如图 2-2-2 所示,选择"重命名"命令。

图 2-2-2 选择"重命名"命令

⑤ 勾选"批量重命名"对话框中的"使用模板重命名文件"复选框。

⑥ 在"模板"组合框中输入文件名和"#"符号。

小提示:可以根据文件命名的相关规则输入文件名,而"#"符号用来对文件名进行编号,一个"#"代表一个数字。

⑦ 单击"开始重命名"按钮,即可进行重命名处理,如图 2-2-3 所示。

图 2-2-3 重命名文件

2. 批量调整图像大小

① 在"文件夹"窗口中选择图像所在的文件夹。

② 选择需要重调整大小的文件。

③ 单击"批量"下拉列表,选择"调整大小"命令,如图 2-2-4 所示。

④ 在"批量调整图像大小"对话框中选择"以像素计的大小"单选按钮。

⑤ 在"宽度"和"高度"微调框中分别输入图像的尺寸。

⑥ 勾选"保持原始的纵横比"复选框。

⑦ 单击"开始调整大小"按钮,调整图像,如图2-2-5所示。

小提示:勾选"保持原始的纵横比"复选框后,软件会根据原始图像的"宽度"与"高度"调整新设置的"宽度"与"高度"。若设置的"宽度""高度"与原始图像的"宽度""高度"比例一致,则按比例缩放,若不一致,则会择其最接近的一个参数按比例修改另一参数缩放。

图 2-2-4　选择"调整大小"命令

图 2-2-5　调整图像大小

3. 批量转换文件格式

① 在"文件夹"窗口中选择图像所在的文件夹。

② 选择需要重新命名的文件。

③ 单击"批量"下拉列表,选择"转换文件格式"命令,如图 2-2-6 所示。

④ 单击"批量转换文件格式"对话框中的"格式"选项卡。

⑤ 选择文件格式为"BMP Windows 位图",如图 2-2-7 所示。

小提示:在"格式"选项卡中列出了输出文件的文件格式,用户可以根据需要选择其中一种文件格式作为转换后的文件格式。

⑥ 单击"下一步"按钮进入"设置输出选项"界面。

图 2-2-6　选择"转换文件格式"命令

图 2-2-7　选择文件格式

⑦ 在"目标位置"栏中选择"将修改后的图像放入源文件夹"单选按钮。

⑧ 在"文件选项"栏中"覆盖现有的文件"下拉列表框中选择"重命名"选项,如图2-2-8所示。

小提示:在"文件选项"栏中还有"保留上次修改日期""保留元数据"等选项,用户可以根据实际需要进行设置。

⑨ 单击"下一步"按钮,根据提示完成转换操作。

图 2-2-8　设置输出选项

 拓展提高

1. 了解其他批量处理

ACDSee 软件除了可以对图像进行批量"重命名""调整大小"和"转换文件格式"以外,还可以对图像进行批量"旋转/翻转""调整时间标签""调整曝光度"等操作。

(1) 旋转与翻转。单幅图像的旋转与翻转操作对于计算机用户来说并不陌生,特别是使用数码相机或手机拍摄的照片,在浏览时需要将一些照片进行旋转或翻转。ACDSee 软件就提供了对图像进行批量旋转与翻转的功能,大大提高了工作效率。

(2) 调整时间标签。用户所看到的图像文件,除了包括文件名、文件格式、大小和尺寸等信息以外,还记录着文件的创建时间和修改时间等多种信息,特别是从数码相机获取的图像,其记录就更加详细,如图 2-2-9 所示。

图 2-2-9　查看图像信息

若用户需要对图像创建时间进行统一修改,可以单击"批量"下拉列表,选择"调整时间标签"命令,即可进入"批量调整时间标签"对话框,根据需要进行设置,如图 2-2-10 所示。

图 2-2-10　调整图像时间信息

2. 了解整理

ACDSee 软件提供的"整理"功能,可以给图像进行"分类""评级"等操作。设置时,先选择需要设置的图像文件,单击鼠标右键,在右键菜单中选择"设备评级"→"3 级"命令,即可对图像进行分类与评级,如图 2-2-11 所示。当用户对图像进行分类、评级后,在管理图像时,可以根据图像的类型、级别进行选择与管理。比如,单击"编目",选择"3 级"选项时,就可以将评为"3级"的图像选择并显示出来,如图 2-2-12 所示。

图 2-2-11　整理图像文件

📢 小提示:通过设置图像的"类别""级别"等分类管理图像,用户可以根据图像文件的这些属性查看管理文件。

🖥 实训操作

1. 获取一批图像文件(至少 10 个文件),将其分别以"图像 05"至"图像 15"进行批量重命名。

图 2-2-12 分级图像文件

2. 获取一批图像文件(至少 10 个文件),将其缩小至原图的 80%大小。

3. 获取一批图像文件(至少 10 个文件),将其格式统一为 GIF,然后对比原文件,查看其文件大小有什么变化。

活动二 简单编辑图像

活动描述

丁刚在编辑稿件的过程中,经常要对作者投稿的照片进行再次曝光、消除红眼等处理,使图像更加美观。

活动分析

ACDSee 软件除了具有较强的图像管理功能外,还有简单、实用的图像修饰功能,特别适合非专业图像处理人员使用。调整图像色彩、消除红眼等操作十分简单。

活动展开

1. 消除照片红眼

① 启动 ACDSee 软件,进入软件操作界面。

② 在"文件夹"窗口中选择图像所在的文件夹。

③ 选择需要编辑的文件。

④ 单击"编辑"按钮,进入编辑模式,如图 2-2-13 所示。

⑤ 选择"红眼消除"工具。

⑥ 移动鼠标指针到"红眼"处,然后单击鼠标,即可消除"红眼",如图 2-2-14 所示。

小提示:"红眼"是指在拍摄人物时,当闪光灯照射到人眼的时候,瞳孔放大而产生的视网膜泛红现象。消除红眼也就是将红色区域变为黑色或蓝色。根据区域大小可设置"消除强度"。

⑦ 编辑完毕,单击"完成"按钮。

图 2-2-13　选择编辑对象

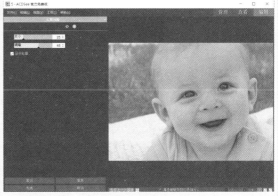

图 2-2-14　消除"红眼"

2. 补充光线

① 在"文件夹"窗口中选择图像所在的文件夹。

② 选择需要编辑的文件。

③ 单击"编辑"按钮,进入编辑模式,如图 2-2-15 所示。

④ 选择"曝光/光线"栏中的"光线"工具。

⑤ 单击图像上任意地方,图像自动调整光线,如图 2-2-16 所示。

⑥ 编辑完毕,单击"完成"按钮。

小提示:用户可以根据图像的效果,使用"曝光/光线"工具的其他选项修饰图像。

图 2-2-15　选择编辑对象

图 2-2-16　加亮图像

拓展提高

在"编辑"模式中,用户可以通过更改亮度与颜色对图像进行整体编辑,或对图像进行裁剪、翻转、调整大小或旋转操作,还可以使用选择工具来修复图像的特定部分和对图像进行最后的润色,如删除红眼、添加边框和特殊效果。

1. 了解"选择范围"工具

用户使用"选择范围"工具可以选择图像的一块区域。对该区域的操作,不会影响图像的其余部分。操作时,在"编辑"模式中可选择"自由套索""魔术棒""选取框"等工具,如图 2-2-17 所示,然后进行图像的选择操作。

图 2-2-17　选择工具选项

（1）自由套索。选择"自由套索"工具，单击鼠标左键并拖动光标，在希望选择的区域上进行绘制。随着绘制的进行，会出现一条曲线，显示用户已经绘制的位置。在释放鼠标时，线条的终点自动连接到起点以完成选择，如图 2-2-18 所示。

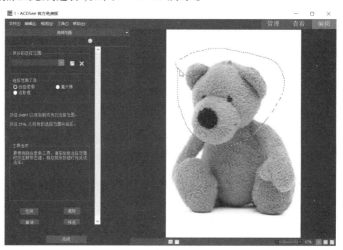

图 2-2-18　使用"自由套索"工具建立选区

（2）魔术棒。使用"魔术棒"工具，单击图像中的任意区域，相同颜色的所有像素便都包含在选择范围内，如图 2-2-19 所示。用户可以增减阈值来确定选择范围中包含像素的多少。

（3）选取框。使用"选取框"工具，单击图像并拖动鼠标可建立矩形或椭圆选区，从初次单击的点开始，并在释放鼠标时结束，如图 2-2-20 所示。

2. 了解"修复工具"

选择"修复工具"，进入"修复工具"设置面板，可以选择"修复"或"克隆"工具对图像进行修复操作。

图 2-2-19 使用"魔术棒"工具建立选区

图 2-2-20 使用选取框建立选区

（1）修复。"修复"工具可以将像素从图像的一个区域复制到另一个区域,在复制它们之前会对来源区域的像素进行分析,复制到目标区域后也会分析目标区域的像素,然后混合来源与目标区域的像素,以匹配周围的区域。这可以确保替换像素的亮度与颜色能够与周围的区域相融合。"修复"工具对于处理具有复杂纹理的图像效果较为明显,比如去除面部"痘痘",其对比效果如图 2-2-21 和图 2-2-22 所示。

（2）克隆。"克隆"工具是将像素从图像的一个区域完整地复制到另一个区域,从而创建一个完全相同的图像区域。处理具有强烈的简单纹理或统一颜色的图像,"克隆"工具更加方便。

3. 了解"添加"工具

"添加"工具包括"文本""晕影""边框"和"特殊效果"等工具,可以用来编辑、修改图像。

（1）文本。使用"文本"工具可以将具有一定格式的文本添加到图像中,如图 2-2-23 所示,

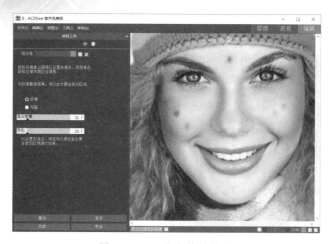

图 2-2-21　去痘前的效果

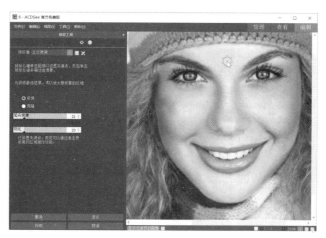

图 2-2-22　去痘后的效果

图 2-2-23　给图像添加文本

或者添加对话与思考气泡来创建卡通漫画效果。

（2）边框。使用"边框"工具可以给图像添加各式各样的边框,如图2-2-24所示,用户可以根据需要设置"边框"选项,制作出风格各异的边框。

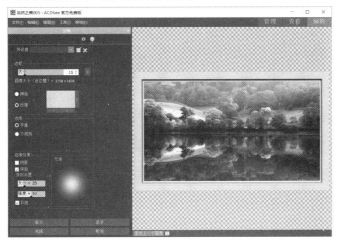

图2-2-24 给图像添加边框

（3）晕影。"晕影"效果可以在主题（如人物或花束）周围添加边框,更改图像的焦点,如图2-2-25所示。

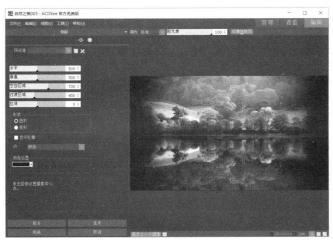

图2-2-25 给图像添加晕影效果

（4）特殊效果。特殊效果其实就是给图像添加滤镜,得到许多意想不到的艺术效果。ACDSee软件自带近30种滤镜供用户选用,如图2-2-26所示。

小提示:滤镜原来是摄影师在照相机镜头前安装的附加镜头,用来改变进入镜头的光线,产生特殊的摄影效果。图像实现数字化处理后,滤镜就成为图像处理软件处理图像的一种功能强大的工具,它就像是一个魔术师,可以把普通的图像变为非凡的视觉作品。滤镜不仅可以制作各种特效,还能模拟素描、水彩、油画等绘画效果。

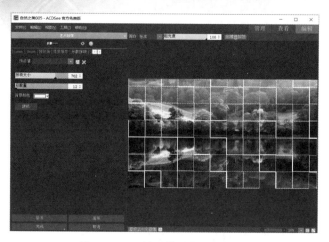

图 2-2-26 给图像添加滤镜效果

4. 了解曝光与光线工具

使用曝光和光线工具可调整图像的亮度、对比度和颜色等效果。

（1）曝光。用户可以使用"曝光"工具调整图像的曝光度、对比度以及填充光线,如图 2-2-27所示。

图 2-2-27 调整图像曝光度

（2）色阶。用户可以使用"色阶"工具精确调整图像的对比度与亮度,如图 2-2-28 所示。

小提示:色阶是表示图像亮度强弱的指数标准,与颜色无关,最亮的只有白色,最暗的只有黑色。图像的色彩丰满度和精细度是由色阶决定的。

（3）自动色阶。"自动色阶"工具可以自动校正图像的曝光度。"自动色阶"能使图像中最暗的像素变得更暗,最亮的像素变得更亮。

（4）色调曲线。用户可以使用"色调曲线"工具来更改图像的色调范围。选择 RGB 颜色通道以调整图像的整个范围,或选择特定的颜色进行调整,如图 2-2-29 所示。

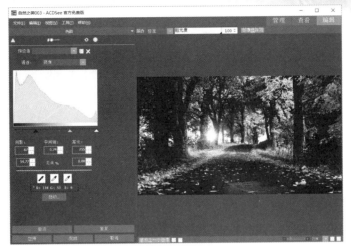

图 2-2-28 调整图像的色阶

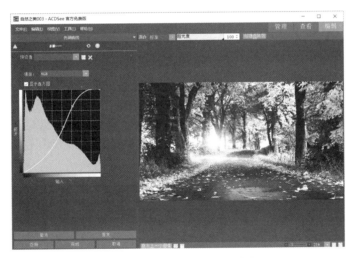

图 2-2-29 调整图像色调曲线

（5）光线。用户可以使用"光线"工具来调整图像中太暗或太亮的区域，而不影响图像中的其他区域，如图 2-2-30 所示。

5. 了解颜色调整

（1）白平衡。用户可以使用"白平衡"工具来删除图像中不需要的色调，如图 2-2-31 所示。如拍摄落日的相片，图像色调可能产生偏红，则可以使用"白平衡"工具来消除。

（2）颜色平衡。用户可以使用"颜色平衡"工具来调整图像的颜色值，使图像的亮度、饱和度、色调达到最佳效果，如图 2-2-32 所示。

实训操作

1. 收集几幅曝光不足照片，使用 ACDSee 软件调整其曝光度，并请同学或老师评价自己的操作效果。

图 2-2-30 调整图像光线

图 2-2-31 调整图像白平衡

图 2-2-32 调整图像颜色平衡

2. 收集几幅有"红眼"的人像照片,尝试消除红眼操作。

3. 收集一张有污损的图像,尝试使用修复工具修复图像。

4. 尝试使用其他软件浏览、管理图像,比较其异同,记录在表 2-2-1 中,并与同学进行交流。

表 2-2-1　评选"优秀"管理图像软件

软件名称	性质	比较
	□共享 □免费 □其他	
	□共享 □免费 □其他	
	□共享 □免费 □其他	

 任务评价

在完成本次任务的过程中,我们学会了使用软件浏览、管理和简单处理图像,请对照表 2-2-2,进行评价与总结。

表 2-2-2　评价与总结

评价指标	评价结果				备注
1. 能够快速浏览、分类管理图像	□A	□B	□C	□D	
2. 能够批量重命名图像文件	□A	□B	□C	□D	
3. 能够批量缩放图像	□A	□B	□C	□D	
4. 能够批量修改文件格式	□A	□B	□C	□D	
5. 能够简单处理图像	□A	□B	□C	□D	
6. 能够积极主动展示学习成果,并帮助他人	□A	□B	□C	□D	
7. 能够感受到图像管理软件给工作带来的便捷	□A	□B	□C	□D	

综合评价:

任务三　处理图像

 情景故事

文彬毕业于某中等职业技术学校办公自动化专业,凭借其较好的信息技术能力,成功竞聘到某民营企业文员岗位,主要负责单位会议摄像、拍照、新闻宣传报道和接待等工作。

在工作的过程中,经常需要对所拍照片进行处理。因此,简单、快捷、高效的图片处理软件是处理好照片的有力工具。

本任务中将使用"美图秀秀"软件处理图像。

 任务目标

1. 能够使用图像处理软件调整图像。
2. 能够使用图像处理软件修饰图像。
3. 能够使用图像模板处理图像。
4. 能够感受到图像管理软件给生活、学习和工作带来的便捷。

 任务准备

1. 了解图像颜色

图像的颜色不仅能真实地呈现物体,而且还能够给我们带来不同的心理感受。创造性地使用颜色,可以营造各种独特的氛围和意境,使图像更具表现力。颜色有色相、明度和纯度三大基本属性。

(1)色相。色相是指颜色的相貌。光谱中的红、橙、黄、绿、蓝、紫为基本色相,如图 2-3-1 所示。

(2)明度。明度是指颜色的明暗程度。黑白两色中明度最高的是白色,明度最低的是黑色。彩色中,任何一种纯度色都有自己的明度特征,如黄色为明度最高的颜色,紫色是明度最低的颜色,如图 2-3-2 所示。

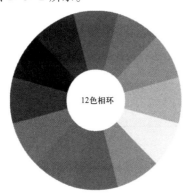

图 2-3-1　色相环

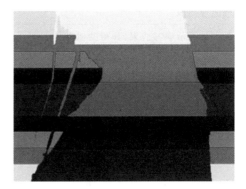

图 2-3-2　颜色明度对比

(3)纯度。纯度是指颜色的鲜艳程度,也称饱和度。凭人肉眼能够辨认的有色相的色都具有一定程度的鲜艳度。如绿色,当它混入白色时,鲜艳程度会降低,但明度就会提高,成为淡绿色;当混入黑色时,鲜艳度会降低,明度也会变暗,成为暗绿色;当混入与绿色明度相似的中性灰色时,它的明度没有变化,但鲜艳程度降低,成为灰绿色,如图 2-3-3 所示。

2. 认识 RGB 和 CMYK 颜色模式

颜色模式决定了用来显示和打印所处理图像的颜色方法。根据图像的不同用途选择不同的颜

| 绿加白 | 绿加黑 | 绿加灰 |

图 2-3-3　颜色纯度对比图

色模式,比如用计算机屏幕显示的图像一般选 RGB 颜色模式,用于印刷就会选择 CMYK 颜色模式。

（1）RGB 颜色模式。RGB 颜色模式是一种用于屏幕显示的颜色模式,R 代表红色,G 代表绿色,B 代表蓝色。在 24 位图像中,每一种颜色都有 256 种亮度值,因此,RGB 颜色模式可以重现 1 670 万种颜色(256×256×256)。

（2）CMYK 颜色模式。CMYK 颜色模式主要用于打印机输出颜色模式图像,C 代表青色,M 代表品红色,Y 代表黄色,K 代表黑色。在 CMYK 颜色模式下,可以为每个像素的每种印刷油墨指定一个百分比值来实现颜色的搭配。CMYK 颜色模式的色域要比 RGB 颜色模式小,如图 2-3-4所示,只有在制作要用于印刷的图像时才使用 CMYK 颜色模式。

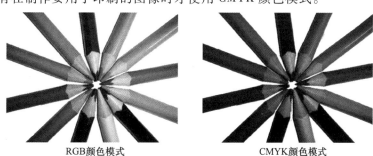

| RGB颜色模式 | CMYK颜色模式 |

图 2-3-4　颜色模式效果对比

3. 获取"美图秀秀"软件

在"美图秀秀"官方网站下载软件,然后根据软件安装向导,将软件安装到计算机中。

4. 认识"美图秀秀"

为了更好地适应信息时代的发展,美图秀秀有计算机版(简称 PC 版)、在线网页版和手机版等三个版本,其界面分别如图 2-3-5、图 2-3-6 和图 2-3-7 所示,它们的主要功能没有差别。"美图秀秀"软件简单、易用,用户不需要任何专业的图像处理技术,就可以对图像进行再次曝光、补光、减光等多种操作,还能够制作出专业胶片效果、精美相框、艺术照效果。"美图秀秀"软件的特色之一是善于处理人物图像,比如美型、美肤、美眼等,以下将以 PC 版为例具体介绍。

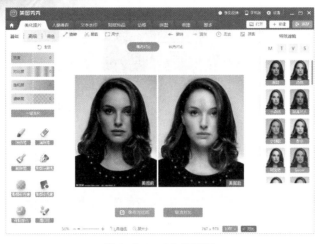

图 2-3-5　PC 版界面

图 2-3-6　在线网页版界面

图 2-3-7　手机版界面

 任务设计

活 动 一　美 化 图 片

活动描述

在拍照的过程中,经常会产生曝光不足或亮度不够的照片,对此需要经过后期处理后才能够使用。文彬使用"美图秀秀"软件,即可完成图像的调整。

活动分析

　　使用"美图秀秀"软件,只需要选择相关命令选项,拖动按钮,改变简单的参数,所见即所得,十分简单。

活动展开

　　调整图像的大小/亮度/对比度等

　　① 启动"美图秀秀"软件,进入软件操作界面。

　　② 单击工具栏上的"打开"按钮,弹出"打开"对话框。

　　③ 在"打开"对话框中选择需要调整的图像文件。

　　④ 单击工具栏上的"对比"按钮,打开对比窗口,如图2-3-8所示。

图 2-3-8　打开图像文件

　　⑤ 单击工具栏上的"裁剪"按钮,打开"裁剪"对话框。

　　⑥ 拖动裁剪框,调整到适合的大小,如图2-3-9所示。

　　📢 **小提示**:除了手动调整图像裁剪框外,还可以选择比例设置裁剪框大小。

图 2-3-9　裁剪图像

---

　　⑦ 单击"基础"选项卡。

　　⑧ 拖动"亮度"滑块至"16"位置,调整图像亮度;拖动"对比度"滑块至"9"位置,调整图像对比度;拖动"饱和度"滑块至"9"位置,调整图像饱和度;拖动"清晰度"滑块至"10"位置,调整图像清晰度。

　　⑨ 单击"保存"按钮完成调整,如图2-3-10所示。

图 2-3-10　调整图像

拓展提高

1. 了解"高级"美化

"高级"美化包括"智能补光""高光"和"暗影",如图 2-3-11 所示。操作时,可以手动调整参数,也可以单击"一键美化"按钮实现美化图像。单出"对比"按钮,对比美化效果如图 2-3-12 所示。如果对美化效果不满意还可以重置后再调整。

图 2-3-11　美化图片

图 2-3-12　对比美化效果

2. 了解"调色"美化

"调色"美化包括"色相"和"红""绿""蓝""青""紫""黄"等色的调整,如图 2-3-13 所示。操作时,可以手动调整参数,也可以单击"一键美化"按钮实现美化图像。单出"对比"按钮,对比调色效果,如图 2-3-14 所示。

图 2-3-13　"调色"对话框

图 2-3-14　对比调色效果

3. 了解"特效"美化

除了调整图片的光和色外,"美图秀秀"软件还提供了特效滤镜和其他特殊处理效果。特效滤镜的使用十分简单,只需要选择某一种滤镜,不需要设置参数即可得到对应的效果,如图 2-3-15所示。如果想使用其他特殊处理效果,单击该效果,根据左上角操作提示小动画即可完成。比如虚化背景,处理效果对比如图 2-3-16 所示。

实训操作

1. 获取一张曝光不足的照片,调整其亮度、对比度,对比调整效果,并与同学交流,总结调整方法。
2. 尝试用特效滤镜美化图像。

图 2-3-15　特殊滤镜效果

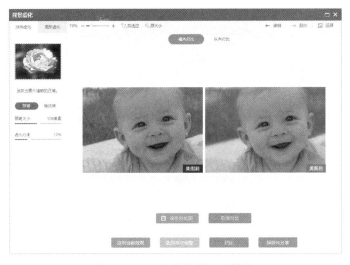

图 2-3-16　虚化背景对比效果

活动二　美化人像

活动描述

　　在照片后期处理的过程中,经常需要对照片进行消除红眼、去斑或个性化处理等操作,使图像更加美观。文彬常用"美图秀秀"软件,即可轻松完成。

活动分析

　　"美图秀秀"软件中"人像美容"功能齐全,操作简单,特别适合非专业图像处理人员使用。

1. 美白皮肤

① 启动"美图秀秀"软件，进入软件操作界面。

② 打开需要修饰的图像文件。

③ 单击"人像美容"选项卡，如图 2-3-17 所示。

④ 单击"美肤"→"皮肤美白"按钮，弹出"美肤-皮肤美白"对话框。

⑤ 拖动"美白力度"滑块至"3"位置；拖动"肤色"滑块至"9"位置，调整美白力度和肤色冷暖，如图 2-3-18 所示。

　🔊 小提示：拖动滑块调整参数时，可预览图像变化，适可而止。

⑥ 单击"应用当前效果"按钮，完成皮肤美白。

图 2-3-17　选择"人像美容"

图 2-3-18　美白皮肤

2. 祛痘祛斑

① 单击"美肤"→"祛痘祛斑"按钮，弹出"美肤-祛痘祛斑"对话框。

② 拖动"祛痘笔大小"滑块至"15"位置，调整笔头大小。

③ 鼠标移动到有"痘"的地方，单击即可消除，如图 2-3-19 所示。

④ 单击"应用当前效果"按钮，完成祛痘祛斑。

　🔊 小提示：若皮肤上痘或斑不十分明显，可尝试应用"一键美化"功能。

3. 磨皮

① 单击"美肤"→"磨皮"按钮，弹出"美肤-磨皮"对话框。

② 选择"自然磨皮"，观看预览效果。

③ 拖动滑块，调整磨皮程度，如图 2-3-20 所示。

　🔊 小提示：在"磨皮"对话框中，不妨尝试"普通磨皮""快速磨皮""智能磨皮"等效果。

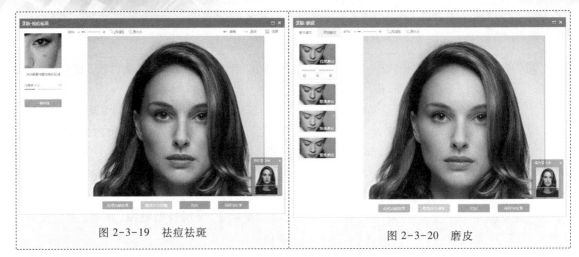

图 2-3-19　祛痘祛斑　　　　　　　　　　　图 2-3-20　磨皮

拓展提高

　　"美图秀秀"软件的"人像美容"中除了"美肤"外,还提供了"美型""眼部""其他"及"一键美化"功能。

　　1. 尝试美型

　　"美图秀秀"软件提供了瘦脸、瘦身、增高等美型功能,如图 2-3-21 所示。操作时,打开需要美型的图片,选择对应的功能,根据提示移动滑块,预览效果图,即可实现美型的目的。

图 2-3-21　美型功能列表

　　(1)瘦脸。"瓜子"型的脸比较显瘦。在修饰时,打开需要修饰的图片,单击"美型"→"瘦脸"按钮,打开"美型-瘦脸"对话框,设置"笔触大小"和"力度"参数,将鼠标移动到图片中的"脸部",按住鼠标左键,适度向"脸"的中部方向拖动,经过反复操作,即可实现"瘦脸"的效果,如图 2-3-22 所示。

　　(2)瘦身。要实现照片中人像的瘦身,只需要对图像进行"压扁"操作,操作时,打开需要修

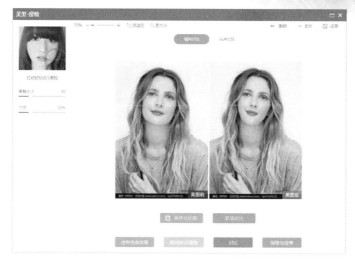

图 2-3-22　瘦脸

饰的图片,单击"美型"→"瘦身"按钮,打开"美型-瘦身"对话框,拖动滑块预览瘦身效果,如图 2-3-23 所示。

图 2-3-23　瘦身

（3）增高。身体比较高的人往往腿比较长。"美图秀秀"软件利用了这一生理现象,增长腿部,可以使人显高。操作时,打开需要修饰的图片,单击"美型"→"增高"按钮,打开"美型-增高"对话框,在预览框中移动需要调整的部位,然后拖动滑块预览增高效果,如图 2-3-24 所示。

📢 小提示:在调整图像的过程中,如果调整失败,可以单击"撤销"或"还原"按钮,撤销当前操作或还原为原来的图像。

2. 修饰眼部

对眼部的修饰,"美图秀秀"软件提供了"眼睛放大""睫毛膏""眼睛变色""消除黑眼圈"等功能。

图 2-3-24 增高

操作时,打开需要修饰的图片,选择对应的功能,根据提示调整参数,即可实现修饰眼部的目的。

（1）眼睛放大。使用"眼睛放大"功能适度放大眼睛可以使人物更加漂亮。操作时,打开需要修饰的图片,单击"眼睛放大"按钮,打开"眼部-眼睛放大"对话框,调整预览框中的图像,然后设置"画笔大小"和"力度"参数,多次单击"眼珠"部位,放大眼睛到合适大小,如图 2-3-25 所示。

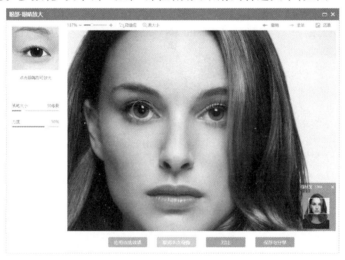

图 2-3-25 放大眼睛

（2）睫毛膏。使用"睫毛膏"功能可以使睫毛更加清晰。操作时,打开需要修饰的图片,单击"睫毛膏"按钮,打开"眼部-睫毛膏"对话框,调整预览框中的图像,然后设置"睫毛刷大小"和"力度"参数,多次单击"睫毛"部位,使睫毛更加清晰即可,如图 2-3-26 所示。

🔈 小提示:在调整"画笔大小"或"睫毛刷大小"以及"力度"参数时,要注意笔头大小与图片中需要修改的部分大小匹配,过大会修改不需要修改的部分,过小又不能达到修改的目的。

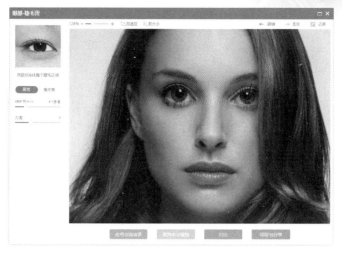

图 2-3-26 涂抹睫毛膏

（3）眼睛变色。人的眼珠可分为黑眼珠、黄眼珠或蓝眼珠。根据需要，可以改变眼珠的颜色。操作时，打开需要修饰的图片，单击"眼睛变色"按钮，打开"眼部-眼睛变色"对话框，调整"变色笔大小""透明度"参数，选择颜色，然后移动鼠标指针到图像预览框中，对准眼珠部位单击鼠标，如图 2-3-27 所示。

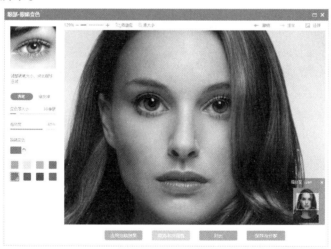

图 2-3-27 眼睛变色

（4）消除黑眼圈。使用"消除黑眼圈"功能可以使人显得更加精神。操作时，打开需要修饰的图片，单击"消除黑眼圈"按钮，打开"眼部-消除黑眼圈"对话框，调整"画笔大小""力度"参数，然后移动鼠标指针到图像预览框中，对准黑眼圈部位单击并拖动鼠标，消除眼圈边缘的黑色，如图 2-3-28 所示。

💨 小提示："美图秀秀"软件中的"人像美容"还有"其他"及"一键美颜"的功能，比如添加"唇彩"等，如图 2-3-29、图 2-3-30 所示，其操作方法类似，在此就不再赘述。

图 2-3-28　消除黑眼圈

图 2-3-29　添加唇彩

图 2-3-30　一键美颜

实训操作

1. 收集一幅有"痘"的照片,选择合适的工具处理该照片,然后与同学交流。

2. 收集一幅或多幅照片,使用"美型"功能恰当地处理图像,并相互展示、交流与评价。

活动三 应用模板

活动描述

文彬负责给新老职工制作或换发工作证,所以经常需要处理登记照;"评优表模"后还需要制作宣传海报,都离不开图片处理的工作。应用软件模板可以大大提高工作效率。

活动分析

"美图秀秀"软件提供了证件照片、拼图等工具,用户可以选择适合的模板,制作出富有创意的照片,操作十分简单。

活动展开

处理登记照

① 启动"美图秀秀"软件,进入软件操作界面。

② 打开需要处理的图像文件。

③ 单击"贴纸饰品"选项卡。

④ 单击"证件照"按钮,如图2-3-31所示。

⑤ 选择"衣服"贴图。

⑥ 拖动贴图的编辑点,调整贴图大小。

⑦ 移动贴图到合适的位置,如图2-3-32所示。

小提示:贴图不一定适合所选的图片,可以根据图片中的人物造型,更换贴图或者旋转贴图,直至合适为止。

图2-3-31 打开图片

图2-3-32 贴图

⑧ 单击"裁剪"按钮,打开"裁剪"对话框。

⑨ 单击"常规"选项卡,选择"标准二寸/2R"选项。

⑩ 调整裁剪框位置,如图 2-3-33 所示。

⑪ 单击"应用当前效果"按钮。

⑫ 单击"抠图"选项卡,打开"抠图"对话框。

⑬ 选择"自动抠图",在要保留的区域划线,建立选区,如图 2-3-34 所示。

⑭ 单击"完成抠图"按钮,完成抠图。

小提示:在建立选区时,有时一笔不能建立一个需要保留的区域,需要多次划线才能完成。

图 2-3-33　裁剪照片

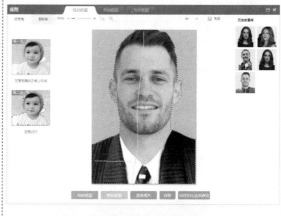

图 2-3-34　抠图

⑮ 在弹出的"杂志背景"对话框中选择"纯色背景",选择"蓝色",如图 2-3-35 所示。

小提示:用户可以根据照片要求选择背景颜色,也可以选择图片作为背景,还可以设置其他选项。

⑯ 单击"完成"按钮,完成登记照制作。

图 2-3-35　更换背景

拓展提高

1. 给图片添加边框和场景

"美图秀秀"软件预设了海报、简单、炫彩、文字、撕边和纹理等多种样式边框模板。操作时,用户只需要选择边框素材,即可给图像添加边框,如图 2-3-36 所示。

"美图秀秀"网页版还提供了丰富的"场景"和"涂鸦"等功能,用户可以在网页版尝试制作更加漂亮的边框,如图 2-3-37 所示。

图 2-3-36　添加边框

图 2-3-37　添加场景

2. 尝试拼图

"美图秀秀"软件提供了自由拼图、模板拼图、海报拼图和图片拼接等四种拼图方式,用户可以根据需要创造出你想要的效果,如图 2-3-38 所示。

（1）自由拼图。选择"自由拼图"选项,打开"自由拼图"对话框。在该对话框中,用户可以添加照片、设置背景（包括自定义背景）、自由摆放图片位置等,如图 2-3-39 所示。

（2）模板拼图。在"模板拼图"对话框中,用户可以自由选择模板拼图的形状,还可以设置拼图效果、边框、底纹和画布等,如图 2-3-40 所示。当用户添加多张照片时,模板会自动重新设计形状。

（3）海报拼图。在"海报拼图"对话框中,用户可以选择不同的海报模板,完成添加图片、设置图片的位置等操作,如图 2-3-41 所示。

图 2-3-38　拼图界面

图 2-3-39　自由拼图

图 2-3-40　模板拼图

图 2-3-41 海报拼图

3. 了解其他图像处理软件

（1）Phototshop。Photoshop 是 Adobe 公司旗下最为出名的位图图像处理软件之一，是集图像扫描、编辑修改、图像制作、广告创意、图像输入与输出于一体的图形图像处理软件，深受广大平面设计人员和电脑美术爱好者的喜爱。由于 Photoshop 软件的专业性，非专业设计人员较少使用 Photoshop 软件处理图像，其操作界面如图 2-3-42 所示，获取 Photoshop 软件可以去软件专营店或官方网站 https://www.adobe.com/cn/products/photoshop.html）下载。

图 2-3-42 Photoshop 操作界面

（2）CorelDRAW。CorelDRAW 是一款由加拿大的 Corel 公司开发的图形图像软件，凭借其较好的图形设计能力而广泛地应用于商标设计、标志制作、模型绘制、插图描画、排版及分色输出等诸多领域。其操作界面如图 2-3-43 所示，获取 CorelDRAW 软件可以去软件专营店或官方网站（https://www.corel.com/cn）下载。

实训操作

1. 使用"美图秀秀"软件，给自己或同学排版一张登记照。

图 2-3-43　CorelDRAW 操作界面

2. 准备一些自己或同学们的生活照片，添加合适的场景，并在全班进行展示，请同学或老师评价。

3. 尝试使用其他图像处理软件，比较其异同，记录在表 2-3-1 中，并与同学进行交流。

表 2-3-1　评选"优秀"图像处理软件

软件名称	性质	比较
	□共享 □免费 □其他	
	□共享 □免费 □其他	
	□共享 □免费 □其他	

 任务评价

在完成本次任务的过程中，我们学会了使用软件简单、快捷处理图像，请对照表 2-3-2，进行评价与总结。

表 2-3-2　评价与总结

评 价 指 标	评 价 结 果	备 注
1. 能够使用软件快速调整图像	□A　□B　□C　□D	
2. 能够使用软件修饰图像	□A　□B　□C　□D	
3. 能够主动尝试其他图像处理软件	□A　□B　□C　□D	
4. 能够积极主动展示学习成果，并帮助他人	□A　□B　□C　□D	
5. 能够感受到图像处理软件给生活、学习和工作带来的便捷	□A　□B　□C　□D	

综合评价：

项目三　处理音视频信息

　　随着音、视频技术的发展成熟与普及,我们再也不只是音、视频信息的被动接受者,更是音、视频信息的创造者。我们可以将山川、田野、江河、湖海、城市、乡村、街道、校园、运动场、课堂、实训室所发生的一切事物获取并处理成为音、视频信息与他人分享;也可以将我们的学习成果、专业技术展示利用音、视频技术呈现给同事和亲朋好友。因此,作为信息时代的公民,用好音、视频是一项必备技能。

　　在本项目中,我们将学会使用软件处理音、视频信息。

 项目分解

├任务一　播放音视频
├任务二　转换音视频格式
├任务三　录制屏幕
├任务四　编辑音频
├任务五　编辑视频

任务一　播放音视频

情景故事

张扬在一家跨国集团公司中国子公司的人力资源部工作,主要负责中国公司职员的培训组织工作。由于总公司在国外,子公司遍布全球,要贯彻执行总公司的培训要求,更多的是采取现场直播或播放录音(像)的方式进行。

现场直播或播放录音的操作技术虽然比较简单,但是为了达到最佳的效果,如何选用及使用音、视频软件播放,就显得格外重要。

在本任务中将使用"QQ音乐""暴风影音"软件分别播放音、视频。

任务目标

1. 了解音频和视频。
2. 能够使用工具软件正确地播放音、视频文件。
3. 能够感受到音、视频软件给学习、生活和工作带来的便捷。

任务准备

1. 了解音频

音频是一个专业术语,已用作一般性描述音频范围内和声音有关的设备及其作用。人类能够听到的所有声音称为音频。声音可以通过"模拟存储介质"或"数字存储介质"将其保存下来。录音磁带就是模拟存储介质,而CD、DVD、计算机硬盘等就是数字存储介质。随着科技的发展,磁带已经渐渐退出了我们的日常生活。

存储在模拟存储介质上的音频就是模拟信息,存储在数字存储介质上的音频就是数字信息。声音数字化就是使用声音处理设备和软件将模拟声音转换为以一连串0、1数字标记的符号并存储成数字信息,播放时又将数字信息还原为模拟信息。

2. 了解视频

视频泛指将一系列静态影像以电信号的方式加以捕捉、记录、处理、存储与重现的各种技术。

视频最早应用于电视领域,以模拟信息存储在磁带介质上,而随着视频数字化技术的成熟,VCD、DVD和计算机硬盘成为视频存储的主要介质,更加广泛地流传于网络。

3. 获取音、视频播放软件

在常见的音、视频播放软件中,音频播放软件一般不能播放视频,而视频播放软件一定能够播放音频。因为人们习惯称为"视频"的文件是将音频与视频按照一定编码规则合成的文件。

（1）QQ音乐播放器。QQ音乐播放器是腾讯公司开发的一款免费的音频播放软件,可以到腾讯网站下载该软件,然后根据安装提示,完成软件的安装。

当用户正确安装QQ音乐播放器后,启动QQ音乐软件便可进入其操作界面,如图3-1-1所示。在操作界面中单击"音乐馆"按钮,即可单击"音乐馆"界面上的音乐曲目或"本地和下载"播放歌曲。在"音乐馆"中可以按照"精选""排行""歌手""电台""分类歌单"等多种方式获取歌曲。

图3-1-1　QQ音乐播放器界面

（2）暴风影音。暴风影音是北京暴风科技有限公司推出的一款视频播放器,该播放器兼容大多数的视频和音频格式。可以到暴风影音官方网站下载该软件,然后根据安装提示,完成软件的安装后即可使用。

当用户正确安装暴风影音播放器后,启动该软件便可进入其操作界面,如图3-1-2所示。单击"主菜单"→"文件"→"打开文件"命令,打开并播放本地视频文件,也可以单击"在线影视"选项卡,选择并播放网络上的视频。当然,也可以单击"盒子"按钮,打开"盒子"面板,在该面板中选择"电影""电视剧""综艺""动漫"等栏目下的视频。

图3-1-2　暴风影音播放器界面

任务设计

活动一 播放音频文件

活动描述

在培训会开始之前或中场休息的时候,张扬都要播放一些适合的音乐,用于营造氛围。

活动分析

使用"QQ音乐"软件,不仅可以播放本地歌曲,还可以根据需要,在"音乐馆"中选择适宜的网络歌曲,操作十分简单。

活动展开

1. 播放本地音乐

① 启动"QQ音乐"软件,进入软件操作界面。

② 单击"本地和下载"选项,进入"本地和下载"对话框。

③ 单击"添加"按钮,选择"手动添加歌曲"命令,如图3-1-3所示。

图3-1-3 选择音乐文件夹

④ 在"打开"对话框中选择音乐文件所存放的文件夹,单击"确定"按钮,选择文件夹。

⑤ 所选文件夹中的所有音乐文件即可添加到播放列表中,单击界面上的"播放全部"按钮,即可依次播放在播放列表中的音乐,如图3-1-4所示。

图3-1-4 播放音乐

2. 播放网络音乐

① 启动"QQ音乐"软件,进入软件操作界面。

② 单击"音乐馆"按钮,如图3-1-5所示,打开"音乐馆"对话框。

③ 在"音乐馆"对话框中单击"排行"选项卡。

④ 单击"QQ音乐巅峰榜"栏中的"中国好声音"按钮,即可播放音乐,如图3-1-6所示。

📢 **小提示**:用户还可以按其他分类选择自己喜欢的音乐。

图 3-1-5　选择"音乐馆"　　　　　　　　图 3-1-6　播放音乐

拓展提高

1. 了解 QQ 音乐软件设置

进入"QQ 音乐"主界面，单击"主菜单"按钮，选择"设置"命令，如图 3-1-7 所示，打开"设置"对话框，即可对该软件的相关功能进行设置。

图 3-1-7　选择"设置"命令

（1）常规设置。在"常规设置"选项卡中可以根据实际需要，在"启动""播放""通知""关闭主面板"和"关联"栏中设置相关选项，如图 3-1-8 所示。

图 3-1-8　设置"常规设置"

（2）了解下载与缓存。在"下载与缓存"选项卡中可以根据需要，在"下载目录""下载歌曲""文件智能分类""歌曲命名格式""歌曲缓存设置"等进行合理设置，如图 3-1-9 所示。

图 3-1-9　设置"下载与缓存"

（3）歌词设置。"QQ 音乐"软件在播放歌曲的同时，可以显示歌词。歌词以"桌面歌词"和"歌词面板"两种方式显示。用户可以根据需要选择是否显示歌词和显示方式，如图 3-1-10 和图 3-1-11 所示。

图 3-1-10　设置桌面歌词

图 3-1-11　设置歌词面板

小提示：当用户播放本地歌曲时，只要计算机处于联网状态，在"歌词面板"选项卡的"设置"菜单中选择"歌词操作"→"搜索歌词"命令，如图 3-1-12 所示，打开"歌词搜索"对话框，自动搜索出该歌曲的歌词让用户选择，如图 3-1-13 所示。若该歌曲没有歌词，有兴趣的用户也可以编辑歌词并上传。

图 3-1-12 歌词制作　　　　　　　　　　　　　　　图 3-1-13 搜索歌词

2. 了解播放控制

播放器的操作控制与常用的语言复读机的按键相同，十分简单。单击"播放队列"按钮，打开正在播放的歌曲菜单，如图 3-1-14 所示，单击"批量操作"按钮，即可根据需要选择歌曲，进行"播放""添加到""下载"和"删除"等操作，如图 3-1-15 所示。

图 3-1-14 选择播放队列

用户还可以单击播放面板上的"全景"按钮，打开声音效果设置对话框，可以对"全景环绕""耳机适配""均衡器"等进行设置，如图 3-1-16 所示。

3. 管理播放列表

当用户播放歌曲时，歌曲以其文件名添加到播放列表中。久而久之，列表中的歌曲会逐渐增多，所以在使用过程中，经常需要对歌曲进行排列、删除和查找等操作。

图 3-1-15 批量设置

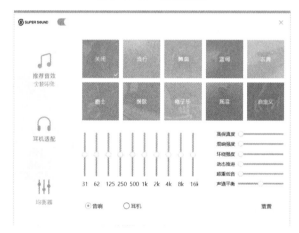

图 3-1-16 设置音效

（1）排序。单击播放列表中的"排序"按钮,可以按"歌曲名""歌手"或"专辑"进行排列,如图 3-1-17 所示。

图 3-1-17 排序列表中的歌曲

（2）删除。在整理播放列表时,经常会对一些重复、错误或不使用的歌曲进行删除操作。在操作的过程中,鼠标右键单击歌曲名,在右键菜单中选择"删除"命令,即可删除列表中的歌曲,如图 3-1-18 所示。

图 3-1-18　删除列表中的歌曲

（3）查找。当播放列表中歌曲逐渐增多时,需要利用"查找"工具快速定位所要播放曲目的位置。操作时,单击播放列表中的"搜索"按钮,在弹出的"搜索"文本框中输入关键字,按 Enter 键,即可将查找结果以高亮显示,如图 3-1-19 所示。

图 3-1-19　查找列表中歌曲

4. 其他应用

QQ 音乐软件除了播放音乐外,还可以提供"传歌到设备""音频转码""铃声制作""定时设置"等多种功能,如图 3-1-20 所示。用户使用这些功能,会使工作更加方便。

（1）传歌到设备。"传歌到设备"可以将在同一 WiFi(无线网)中计算机端的音乐传递到移动设备。操作时,单击"传歌到设备"命令,单击"连接设备"按钮,打开"传输到手机"对话框,如图 3-1-21所示。在手机端打开 QQ 音乐软件,扫描二维码,连接设备,如图 3-1-22 所示。连接成功后,可以选择需要传递的文件,单击"导入到设备"按钮,如图 3-1-23 所示,即可实现传歌到设备。

图 3-1-20　主菜单

图 3-1-21　"传输到手机"对话框

图 3-1-22　扫描二维码

图 3-1-23　传输音乐到手机

（2）音频转码。"音频转码"可以将一种音频格式转换为另一种音频格式，也可直接抓取 CD 光盘声音文件并转换为其他常用的格式。操作时，选择"音频转码"命令，打开"音频转换"对话框，如图 3-1-24 所示。根据需要，单击"添加歌曲"按钮，选择本地计算机中存储的音乐文件，设置相关参数，然后单击"开始转换"按钮，实现音频转换。

（3）铃声制作。"制作铃声"可以对现有音频截取 30 秒作为手机铃声。操作时，选择"铃声制作"命令，打开"铃声制作"对话框，如图 3-1-25 所示。根据需要，单击"选择本地歌曲"按钮，选择歌曲文件，然后调整截取的歌曲，单击"保存"按钮，完成铃声制作。

图 3-1-24 "音频转换"对话框

图 3-1-25 "铃声制作"对话框

📢 小提示："QQ 音乐"还有很多功能，应用都比较简单，在此不再一一介绍，有兴趣的同学可以尝试更多的应用。

实训操作

1. 使用"QQ 音乐"软件，播放本地计算机中的歌曲文件。

2. 使用"QQ 音乐"软件，选择播放你最喜欢的音乐，记录在表 3-1-1 中，并与同学进行交流。

表 3-1-1 歌曲记录表

歌手	歌曲名	歌手	歌曲名

3. 尝试其他音乐播放软件，比较它们的优劣，记录在表 3-1-2 中，并与同学进行交流。

表 3-1-2　评选"优秀"音乐播放软件

软件名称	性质	比较
	□共享 □免费 □其他	
	□共享 □免费 □其他	
	□共享 □免费 □其他	

活动二　播放视频文件

活动描述

张扬所在的部门是人力资源部,所以定期为公司职工举办培训会议也是他的主要工作,其中观看专家讲座视频也是培训会议的一种形式。因此,熟练使用软件播放视频文件也是张扬必须掌握的基本技能。

活动分析

"暴风影音"播放器几乎支持当前流行的所有视频文件,其操作也十分简单,因此,使用该软件播放视频文件不存在技术难度。

活动展开

1. 播放本地视频

① 启动"暴风影音"软件,进入软件操作界面。

② 单击"主菜单"按钮,单击"文件"→"打开文件"命令,如图 3-1-26 所示,打开"打开"对话框。

小提示:若选择"打开文件夹"命令,会将该文件夹中的所有视频文件都添加到"播放列表"中;选择"打开 URL"命令,可在"打开 URL 地址"栏中输入视频文件所在的网址;选择"打开 3D 视频"命令可以观看 3D 电影;选择"打开全景视频"命令可以观看全景电影;选择"打开碟片/DVD"命令即可从 VCD/DVD 驱动器播放电影。

③ 在"打开"对话框中选择视频文件。

④ 单击"打开"按钮,将该文件添加到"播放列表"并播放,如图 3-1-27 所示。

小提示:还可以通过在播放器画面显示窗口中单击"打开文件"按钮打开视频;单击"传片"按钮,还可以将计算机中存储的影片传输到移动设备。

图 3-1-26 选择视频文件

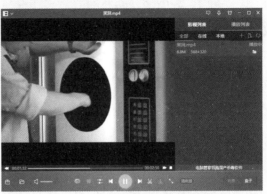

图 3-1-27 播放本地视频

2. 播放网络视频

① 单击"在线影视"按钮,打开"在线"影视列表。

② 在"在线"影视列表中选择需要播放的影视名称,即可播放网络视频,如图 3-1-28 所示。

📢 **小提示:**单击"在线"影视列表中的影视作品名称时,即可打开"暴风盒子"面板。在该面板中可以根据不同的分类选择需要的视频。

图 3-1-28 播放网络视频

拓展提高

1. 了解"暴风影音"软件设置

单击"暴风影音"软件界面上的"主菜单"按钮,单击"高级选项"命令,打开"高级选项"对话框,如图 3-1-29 所示。

(1) 常规设置。打开"高级选项"对话框时,其默认显示的是"常规设置"选项卡,在"常规设置"选项卡中,根据实际需要,可以选择"列表区域""文件关联""隐私设置"等选项进行设置软件的常规操作。

(2) 播放设置。在"播放设置"选项卡中,根据实际需要,可以选择"基本播放设置""播放记忆""屏幕设置"等设置播放选项,如图 3-1-30 所示。

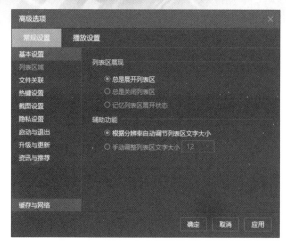

图 3-1-29　设置常规选项

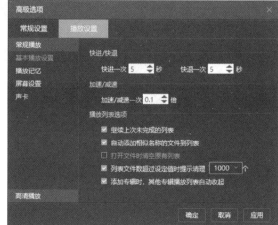

图 3-1-30　设置播放选项

2. 了解播放设置

主菜单上，"播放"命令中除了有"暂停""停止"等常规操作以外，还有"播放控制""AB 点重复""声道/音量"和"播放后操作"等设置，如图 3-1-31 所示。

图 3-1-31　设置播放选项

3. 调节画质

用"暴风影音"软件播放视频文件时，还可对画面的"亮度""对比度""颜色饱和度"和"色彩"等进行设置。操作时，将鼠标移动到播放窗口的右边缘，在弹出的工具栏中单击"画质调节"按钮，打开"画质调节"对话框，如图 3-1-32 所示。根据播放的画面质量，设置相关选项即可调整画面到最佳效果。

图 3-1-32 调整画面质量

4. 管理播放列表

在"在线"影视列表中选择网络视频,双击即可播放,还可以根据视频的"热度""评分"和"评论"等进行排序,如图 3-1-33 所示;在正在播放列表中单击鼠标右键,在右键菜单中可以对播放列表进行"载入""保存""删除"等操作,还可以对播放列表中的视频播放方式进行设置,如图 3-1-34 所示。

图 3-1-33 管理"在线"影视列表

5. 认识"暴风盒子"

"暴风影音"软件的"暴风盒子"收录了近百万部影视作品供用户免费在线观看。在"暴风盒子"面板中,可按照"电影""电视""动漫""综艺"等分类选择视频,如图 3-1-35 所示。

图 3-1-34　管理播放列表

图 3-1-35　"暴风盒子"界面

 小提示:"暴风盒子"有多种分类方法,即大类中还分为若干小类,更加方便用户的选择。

实训操作

1. 使用视频播放软件播放本地视频。
2. 使用视频播放软件,在线观看自己喜欢的电视节目。
3. 尝试使用 2~3 款视频播放软件,比较其功能,记录在表 3-1-3 中,并与同学交流。

表 3-1-3　评选"优秀"视频播放软件

软件名称	性质	比较优劣
	□共享 □免费 □其他	
	□共享 □免费 □其他	
	□共享 □免费 □其他	

任务评价

在完成本次任务的过程中,我们学会了使用工具软件播放音、视频,请对照表 3-1-4,进行评价与总结。

表 3-1-4　评价与总结

评价指标	评价结果	备注
1. 会播放本地音、视频文件	□A　□B　□C　□D	
2. 能够在线听音乐、观看视频节目	□A　□B　□C　□D	
3. 能够尝试多种播放软件播放音、视频	□A　□B　□C　□D	
4. 能够积极主动展示学习成果,并帮助他人	□A　□B　□C　□D	
5. 能够感受到工具软件给学习、生活带来的便捷	□A　□B　□C　□D	

综合评价:

任务二　转换音视频格式

 情景故事

高超毕业于某中职学校计算机应用专业,在数字影音专营网站从事编辑工作。高超为了满足不同的客户需求,每天都会将大量的音、视频转换成多种格式发布到网站。

转换音、视频格式的操作虽然不难,但为了确保音乐和视频转换后的效果,选择较好的软件是质量保证的前提。

本任务将使用"格式工厂"软件转换音、视频格式。

 任务目标

1. 了解常用音、视频文件的格式。
2. 能够使用工具软件正确地转换音、视频文件格式。
3. 能够感受到音、视频格式转换软件给生活、学习和工作带来的便捷。

 任务准备

1. 认识常用音频文件格式

使用不同的软件平台和硬件设备编制的适合不同需求的音频文件会形成不同的文件格式。在编制音频的过程中,可以生成多种文件格式的音乐,也可以使用软件将一种文件格式转换为另一种格式。常用的音频格式有 CD、WAVE(* .WAV)、MP3、MIDI、WMA、RealAudio、AAC 等。

（1）CD。CD格式的音频音质较高，存储在CD光盘上，可以在CD播放机、计算机光驱及播放软件播放。

🔊小提示：当用户打开音乐CD光盘时，会看到CDA格式的文件，它并不是音频文件，不能直接复制后直接播放，需要使用音轨软件将CD格式的文件转换成能够播放的音频文件方可播放。

（2）WAVE。WAVE（＊.WAV）是微软公司开发的一种声音文件格式，用于保存Windows系统平台的音频格式，基于Windows平台应用的其他音频播放软件都支持该文件格式。WAV格式的音频文件音质与CD相差无几。

（3）MP3。MP3是当前较流行的一种数字音频编码和有损压缩的音频文件格式。经过压缩后音频的音质对于普通用户来说并没有区别，且相对于无损压缩的音频文件其大小明显减小，因此深受广大用户的青睐。

（4）MIDI。MIDI是编曲界应用较多的音乐标准格式，它用音符的数字控制信号来记录音乐。一首完整的MIDI音乐只有几十KB大，而能包含数十条音乐轨道。MIDI传输的不是声音信号，而是音符、控制参数等指令，它指示MIDI设备要做什么、怎么做，如演奏哪个音符、多大音量等。

（5）WMA。WMA是微软公司推出的类似MP3格式的一种新的音频格式。WMA的压缩比和音质都比MP3好。一般使用Windows Media Audio编码格式的文件以WMA作为扩展名。

（6）RA/RM/RMX。RealAudio是一种新型流式音频文件格式，主要适用于网络上的在线播放。RealAudio文件格式主要有RA（RealAudio）、RM（RealMedia，RealAudio G2）、RMX（RealAudio Secured）等三种，这些文件的共同性在于随着网络带宽的不同而改变声音的质量，在保证大多数网络用户能听到流畅声音的前提下，使带宽较宽敞的听众获得较好的音质。

（7）ACC。ACC是一种专为声音数据设计的文件压缩格式，相对于MP3等有损格式，AAC格式的音质更佳，文件更小。苹果公司的iPad等都支持AAC格式的音频文件。

2. 认识常用视频文件格式

视频文件格式很多，常用的视频文件格式有AVI、WMV、RM、RMVB、MPEG、3GP、DAT、FLV等，用户可以根据视频的用途或播放平台选择合适的文件格式。

（1）AVI。AVI是Microsoft开发较早的一种视频格式，也就是把视频和音频编码混合在一起储存。AVI格式调用方便、图像质量好，压缩标准可任意选择，是应用最广泛的格式。

（2）WMV。WMV是微软推出的一种流媒体格式。在同等视频质量下，WMV格式的体积非常小，因此很适合在网上播放和传输。

（3）RM。RM格式是RealNetworks公司开发的一种流媒体视频文件格式，可以根据网络数据传输的不同速率制订不同的压缩比率，从而实现在低速网络上进行视频文件的实时传送和播放。

（4）RMVB。RMVB是RM的升级版，它采用动态码率，实现优化整个影片中的比特率、提高效率、节约资源的目的。

（5）MPEG。MPEG格式主要应用于数字电视、实时多媒体监控、低比特率下的移动多媒体通信、基于内容存储和检索的多媒系统、网络会议、交互多媒体应用、基于计算机网络的可视化合作实验室场景应用、演播电视等。

（6）3GP。3GP 是一种 3G 流媒体的视频编码格式,使用户能够发送大量的数据到移动电话网络,从而明确传输大型文件,如音频、视频和数据网络的手机。3GP 是 MP4 格式的一种简化版本,降低了存储空间和较低的频宽需求,让在存储空间有限的手机上也可以使用。

（7）FLV。FLV 是一种新的流媒体视频格式。由于其文件较小、加载速度较快,现在在网络视频中应用较多。

3. 获取音、视频格式转换软件

转换音、视频格式的软件较多。"格式工厂"软件是一款比较优秀的免费音、视频格式转换软件,可以实现大多数音频、视频和图像不同格式之间的相互转换。

小提示:"格式工厂"软件能够将常用的音频转换为 MP3、WMA、AMR、OGG、AAC、WAV 等格式,将常用的视频转换为 MP4、3GP、MPG、AVI、WMV、FLV、SWF、RMVB 等格式。同时还可以对常用的图像进行转换。

获取该软件可在"格式工厂"官网下载,根据安装提示,完成软件安装即可使用。

当用户正确安装"格式工厂"软件后,启动该软件即可进入操作界面,如图 3-2-1 所示。其操作界面十简单,单击"视频"或"音频"等按钮,即可展开转换格式列表。根据目标文件,选择对应选项即可实现转换操作。

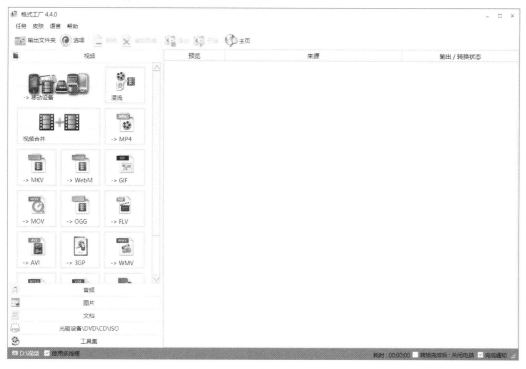

图 3-2-1 "格式工厂"软件界面

任务设计

活动一　转换音频格式

活动描述

高超作为网站编辑，收集了很多不同格式的音频文件，如 MIDI、WAV 等，为了统一管理，高超需要经常对音乐文件转换音频格式。

活动分析

使用"格式工厂"软件，不仅可以转换大多数音乐文件格式，还可以从 CD 抓取音轨和简单的编辑音乐，能够比较轻松地实现音乐格式的转换。

活动展开

① 启动"格式工厂"软件，进入软件操作界面。

② 单击"音频"按钮，展开转换类型选项，如图3-2-2所示。

③ 单击"→MP3"按钮，选择转换目标文件格式。

④ 进入"→MP3"对话框。

⑤ 单击右下角"添加文件夹"按钮，选择需要转换的音乐文件。

⑥ 单击"改变"按钮，设置转换目标文件存放的文件夹。

🔑 小提示：单击"添加文件"按钮，可在被转换的音乐文件夹中选择单个或多个文件。

⑦ 单击"确定"按钮，如图 3-2-3 所示，返回主界面。

图 3-2-2　选择转换选项

图 3-2-3　播放音乐

⑧ 单击主界面"开始"按钮,转换文件,如图3-2-4所示。

📢 小提示:选择被转换的文件都在文件列表中,可以单击"移除"按钮移除不转换的文件;使用"清空列表"等按钮清除列表中的所有文件。在转换的过程中,还可以使用"暂停"按钮暂时停止转换;使用"停止"按钮停止转换操作。

图 3-2-4　转换文件

1. 抓取音乐 CD

我们都知道,音乐 CD 光盘中的 CDA 格式文件并不是音乐播放文件,不能直接复制到计算机硬盘中播放。要获取 CD 光盘中的音乐,需要抓取并转换成音乐文件,方可移动到其他存储器播放。使用"格式工厂"软件可以抓取 CD 光盘中的音乐。操作时,单击软件主界面上的"光驱设备/DVD/CD/ISO"按钮,选择"音乐 CD 转到音频文件"按钮,如图 3-2-5 所示。进入"音乐 CD 转到音频文件"对话框,在"CD 驱动器"下拉列表框中选择 CD 光盘,在音乐列表框勾选需要转换的曲目,然后单击"转换"按钮,开始抓取 CD 光盘中的音乐,如图 3-2-6 所示。

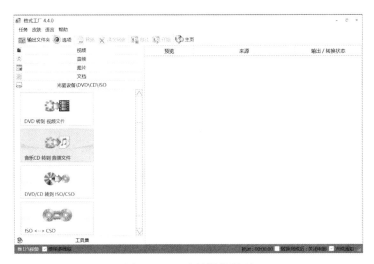

图 3-2-5　选择转换类型

2. 分割音频文件

用户如果只需要一首歌曲的一部分,就需要对其进行分割操作。使用"格式工厂"软件可以比较直观、精确地分割音乐。操作时,单击主界面中的"音频"按钮,展开转换类型选项,选择"→

图 3-2-6　选择转换文件

MP3"按钮,打开"→MP3"对话框,如图 3-2-7 所示。在"→MP3"对话框中添加需要分割的音乐文件,单击"剪辑"按钮,打开分割设置对话框。在该对话框中,单击"开始时间"按钮确定片段起点,单击"结束时间"按钮确定片段结束点,如图 3-2-8 所示,然后单击"确定"按钮返回主界面。单击主界面上的"开始"按钮,即可实施分割的操作。

图 3-2-7　添加分割文件

🔊 小提示:在分割音乐文件时,同时可以实施音乐格式的转换操作。

3. 合并音频

在召开音乐晚会时,为了保证晚会顺利进行,所有音乐伴奏曲一般都会按照顺序串联起来,使用"格式工厂"软件的"音频合并"功能即可轻松实现。在操作时,单击主界面"高级"按钮,单击"音频合并"按钮,如图 3-2-9 所示,打开"音频合并"对话框,单击"添加文件"按钮,依次添加需要合并的音频文件,在输出格式列表框中选择输出格式,如图 3-2-10 所示,单击"确定"按钮返回主界面。单击"开始"按钮即开始合并操作。

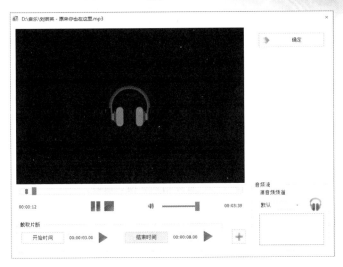

图 3-2-8 分割文件

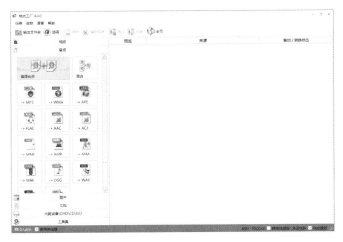

图 3-2-9 单击"音频合并"按钮

图 3-2-10 添加合并文件

小提示:合并后音频的顺序是以添加文件列表中显示的顺序为准。因此,在添加文件时,需要注意音频添加顺序,软件默认的顺序是按照添加文件的先后顺序进行排列的。

实训操作

1. 搜集三种不同格式的音乐文件,使用"格式工厂"软件,将其转换为 MP3 格式的文件。

2. 搜集一个音乐文件,使用"格式工厂"软件,将其转换为多种格式的音乐文件,并比较文件大小与音质,记录在表 3-2-1 中。

表 3-2-1　音频格式转换记录表

音乐名称	转换格式	文件大小	音质
	MP3		
	WMA		
	ACC		

3. 尝试其他音频格式转换软件,比较其优劣,记录在表 3-2-2 中,并与同学进行交流。

表 3-2-2　评选"优秀"的音频格式转换软件

软件名称	性质	比较
	□共享 □免费 □其他	
	□共享 □免费 □其他	

活动二　转换视频格式

活动描述

为了满足不同用户的需求(如,不同型号的手机用户),高超还需要将视频转换为多种格式发布到网站。

活动分析

"格式工厂"软件能够转换当前流行的大多数视频文件,其操作也十分简单,因此,使用该软件转换视频文件不存在技术上的难度。

转换视频文件格式

① 单击"格式工厂"软件主界面"视频"按钮,展开转换类型列表。

② 单击"→WebM"按钮,选择转换类型,如图3-2-11所示,打开"→WebM"对话框。

③ 单击"添加文件"按钮,在"打开"对话框中选择视频文件。

🔊 小提示:在"打开"对话框中可以选择单个或多个文件。单击"添加文件夹"按钮,可以将文件夹中的所有视频添加到转换列表中。

④ 单击"确定"按钮,返回主界面,如图3-2-12所示。

图3-2-11 选择转换类型

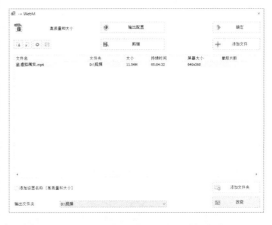

图3-2-12 选择转换文件

⑤ 单击主界面"开始"按钮,转换文件,如图3-2-13所示。

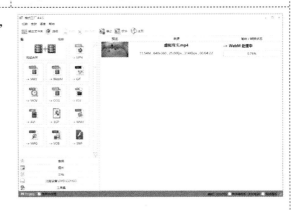

图3-2-13 转换视频文件

拓展提高

1. 了解选项设置

"格式工厂"软件的设计比较人性化,提供了很多实用的功能以满足用户多种要求。操作时,单击主界面"选项"按钮,打开"选项"对话框,如图3-2-14所示。在"选项"对话框中,可以对"输出文件夹""转换完成后""界面音效"等进行设置,使其更加符合用户习惯,提高工作效率。

图 3-2-14　"选项"对话框

2. 了解视频输出设置

在视频软件对话框中,单击"配置"按钮,打开"视频设置"对话框,可以对当前转换的视频输出进行设置,如图 3-2-15 所示。

图 3-2-15　输出设置界面

（1）选择预设配置。软件根据常用视频输出格式预设了多种格式供用户选择。操作时,单击"预设配置"下拉列表框,如图 3-2-16 所示,选择合适的选项设置。

 小提示:当用户选择了一项预设后,其"视频流""音频流"等参数也会随之变化。

（2）个性设置。在"配置"参数列表中,用户还可以根据需要进一步设置"视频流""音频流"的参数和添加"字幕""水印"等操作,如图 3-2-17 所示。

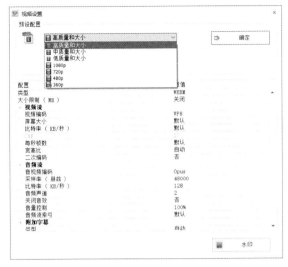

图 3-2-16　选择预设选项

图 3-2-17　设置参数

🔊 小提示:若用户对视频编码、视频流、音频流的设置十分熟悉,可以根据需要设置个性化的视频输出参数,否则,建议使用默认参数设置。

3. 转换视频到移动设备

不同品牌的移动设备其播放视频的格式不尽相同。要使移动设备能够正常播放普通的视频格式文件,就需要根据播放设备转换视频格式。在"格式工厂"软件中,单击主界面"视频"按钮,单击"→移动设备"按钮,如图 3-2-18 所示,打开"更多设备"对话框,如图 3-2-19 所示,在该对话框的设备列表中,选择输出设备的品牌及视频类型,单击"确定"按钮,进入转换对话框,添加要转换的视频,即可实施转换操作。

图 3-2-18　选择转换格式

图 3-2-19　选择输出设备

4. 剪辑视频

　　使用"格式工厂"软件可以比较直观、精确地分割视频文件。操作时,单击主界面中的"视频"按钮,展开转换类型选项,选择"MP4"按钮,打开"→MP4"对话框,如图 3-2-20 所示。在"→MP4"对话框中添加需要分割的视频文件,单击"剪辑"按钮,打开分割设置对话框。在该对话框中,单击"开始时间"按钮确定视频片段起点,单击"结束时间"按钮确定视频片段结束点,如图 3-2-21 所示,然后单击"确定"按钮返回主界面。单击主界面上的"开始"按钮,即可实施分割的操作。

图 3-2-20　添加转换文件

　　小提示:"格式工厂"软件还提供了视频画面裁剪的功能。用户若需要对视频画面进行裁剪,单击分割对话框中的"画面裁剪"按钮,然后在画面预览框内确定裁剪画面的大小,即红色矩形框内是裁剪后的画面,如图 3-2-22 所示。

图 3-2-21　确定分割点

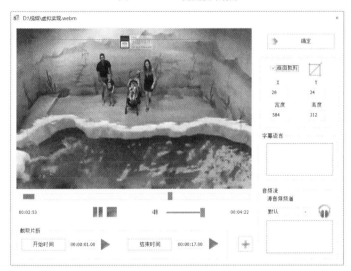

图 3-2-22　裁剪画面

5. 抓取视频 DVD

DVD 光盘中的视频文件都比较大,用于网络传播时需要转换成其他格式的文件。使用"格式工厂"软件可以抓取 DVD 光盘中的视频,单击软件主界面上的"光驱设备/DVD/CD/ISO"按钮,单击"DVD 转到视频文件"按钮。进入"DVD 转到视频文件"对话框,在"DVD"下拉列表框中选择 DVD 光盘,在视频列表框中勾选需要转换的视频,然后单击"转换"按钮,开始抓取 DVD 光盘中的视频,如图 3-2-23 所示。

6. 合并视频

使用"格式工厂"软件可以将两段或多段视频合并成一段视频。在操作时,单击"视频合并"按钮,打开"视频合并"对话框,如图 3-2-24 所示。单击"添加文件"按钮,依次添加需要合并的视频文件,在输出格式列表框中选择输出格式,如图 3-2-25 所示。

图 3-2-23　设置抓取选项

图 3-2-24　选择视频合并

图 3-2-25　选择输出格式

由于添加的视频尺寸大小、画面质量不尽相同,因此,单击"视频合并"对话框中的"DIVX 高质量与大小"按钮,打开"视频设置"对话框。在"预设配置"下拉列表框中选择视频质量选项,如图3-2-26所示。单击"配置"列表中"屏幕大小"栏,在列表中选择相关尺寸即可统一设置视频,如图3-2-27所示。

图 3-2-26　选择预设选项

图 3-2-27　设置视频尺寸

7. 认识混流

　　"格式工厂"软件的混流功能可以将一段视频和音频混合在一起,相当于视频后期制作时配音。操作时,单击"混流"按钮,如图 3-2-28 所示。进入"混流"对话框,在"输出配置"下拉列表框中选择输入格式。在"视频流"栏中单击"添加文件"按钮,添加视频文件。在"音频流"栏中单击"添加文件"按钮,添加音频文件,如图 3-2-29 所示。添加完毕,单击"确定"按钮,返回主界面。在主界面中单击"开始"按钮,即开始混合音、视频。

图 3-2-28　选择混流选项

图 3-2-29　设置混流文件

实训操作

1. 搜集3~4种不同格式的视频文件,使用"格式工厂"软件,将其转换为MP4格式的文件。

2. 搜集一个视频文件,使用"格式工厂"软件,将其转换为多种格式,比较文件大小与画质,记录在表3-2-3中。

表3-2-3　视频格式转换记录表

视频名称	转换格式	文件大小	画面质量
	AVI		
	FLV		

3. 尝试其他视频格式转换软件,比较其优劣,记录在表3-2-4中,并与同学进行交流。

表3-2-4　评选"优秀"视频格式转换软件

软件名称	性质	比较
	□共享 □免费 □其他	
	□共享 □免费 □其他	
	□共享 □免费 □其他	

任务评价

在完成本次任务的过程中,我们学会了使用软件转换音、视频文件格式,请对照表3-2-5,进行评价与总结。

表3-2-5　评价与总结

评价指标	评价结果	备注
1. 会使用工具软件转换音频文件格式	□A □B □C □D	
2. 会使用工具软件转换视频文件格式	□A □B □C □D	
3. 能够尝试多种工具软件转换音、视频文件格式	□A □B □C □D	
4. 能够积极主动展示学习成果,并帮助他人	□A □B □C □D	
5. 能够感受到工具软件给学习、生活带来的便捷	□A □B □C □D	

综合评价:

任务三　录制屏幕

情景故事

晓晨毕业于某中职学校计算机应用专业，由于成绩优异，被某高职计算机数字媒体设计专业录取。在学校里，除了学好每门功课外，他还在学校的网络培训学院做兼职，负责将老师的授课过程录制下来，发布到网站，供学员在线观看、学习。

录制授课过程主要是使用录制屏幕软件将计算机屏幕和教师授课的声音录制下来。

在本任务中将使用 Adobe Captivate 软件录制屏幕。

任务目标

1. 了解录制计算机屏幕的基本过程。
2. 能够使用工具软件正确地录制计算机屏幕。
3. 能够对录屏文件进行简单编辑与处理。
4. 能够感受到录屏软件给学习、生活和工作带来的便捷。

任务准备

1. 了解录屏

录屏又称"屏幕录像"或"录制屏幕"，是使用一种专业软件，将用户操作计算机时屏幕上显示的动作连续记录下来，形成能够播放的视频文件。一般的录屏软件可以将用户操作计算机时的鼠标动作、键盘输入以及相关动作的说明文本和讲解声音一并录制并生成 AVI、SWF 等格式的视频文件，方便使用视频播放器播放或在网络传播。

2. 获取 Adobe Captivate 软件

Adobe Captivate 由 Adobe 公司研发的一款屏幕录制软件，界面简洁，设置简单，不具有编程知识或多媒体技能的用户都能够快速创建功能强大的软件演示和培训内容。录制的内容可以自动生成 SWF、HTML5 格式片段和交互式内容。

在 Adobe Captivate 官网下载该软件的最新版本，根据安装提示，完成软件安装即可使用。

用户正确安装 Adobe Captivate 软件后，启动该软件即可进入操作界面，如图 3-3-1 所示。单击"录制或创建一个新项目"按钮，打开新建项目选项对话框，如图 3-3-2 所示，根据需要选择创建项目类型，设置相关选项，单击"确定"按钮，即可开始录制或创建新项目。

图 3-3-1　Captivate 软件界面　　　　　　图 3-3-2　设置创建项目选项

任务设计

活动一　录制屏幕

活动描述

晓晨将 Captivate 软件启动后,把讲课的操作与讲解的声音同时录制下来。这样,不仅提高了工作效率,而且使授课内容与屏幕录像保持一致,以便学员更好地学习。

活动分析

使用 Captivate 软件录制屏幕,只要事先设置好相关选项,就能轻松地完成任务。

活动展开

1. 录屏设置

① 启动"Captivate"软件,进入软件操作界面。

② 单击"新建"选项卡。

③ 选择"软件模拟"选项,单击"创建"按钮,录制或创建新项目,如图 3-3-3 所示。

　小提示:若是修改已经创建的项目,单击"最近"选项卡,打开事先创建的项目文件。当最近创建项目并保存后,下次启动软件,在"打开一个最近的项目"下就将以保存文件名罗列出来,单击文件名即可打开。

④ 进入新建项目选项对话框。

⑤ 选择"屏幕区域"单选按钮,在"设置捕捉区域为"栏中选择"自定义尺寸"单选按钮。

⑥ 在"录制类型"下选择"自动""演示"选项,如图 3-3-4 所示。

　小提示:在"尺寸"下有"屏幕区域"和"应用程序"两个选项,选择"应用程序"单选按钮后,录屏的区域就与所选应用程序窗口大小匹配。在录屏的过程中,一般选择"应用程序"或"全屏"类型。

图 3-3-3　选择操作选项

图 3-3-4　选择创建类型

⑦ 单击"设置"按钮,打开"首选项"对话框。

⑧ 在"偏好"对话框中单击"录制",展开选项。

⑨ 选择"设置"选项,根据实际需要设置参数,如图 3-3-5 所示。

🔊 小提示:"录制"下的"设置"与"模式"选项设置相当重要,在创建项目前,必须认真设置。

⑩ 设置完毕,单击"好"按钮,返回上一级对话框。

图 3-3-5　设置录制区域

2. 录制屏幕

① 单击"录制"按钮,软件进入录制状态。

② 当停止录制时,按下 End 键,停止录制。

③ 软件会自动生成幻灯片,如图 3-3-6 所示。

④ 录制完毕,保存文件。

⑤ 单击标准工具栏中的"发布"→"发布到电脑"命令,打开"发布到我的电脑"对话框。

⑥ 在"项目标题"文本框中输入项目名。

⑦ 在"位置"栏中设置发布文件的保存位置,其他均为默认设置。

⑧ 单击"发布"按钮,发布文件,如图3-3-7所示。

图 3-3-6　录制的屏幕

图 3-3-7　设置发布选项

⑨ 进入"发布进度"对话框,如图 3-3-8 所示。

⑩ 当文件发布成功,即显示"完成"信息。

⑪ 单击"查看输出"按钮,即可查看发布效果。

图 3-3-8　"发布进度"对话框

📢 小 提 示:发 布 的 文 件 有 SWF 和 HTML5 两种文件格式,可以用 Flash 播放器播放,也可在网页浏览器中浏览。

拓展提高

1. 了解录制设置

启动 Captivate 软件后,单击"软件模拟"按钮,进入"尺寸"和"录制类型"设置,在"尺寸"选项下有"屏幕区域"和"应用程序"两个选项,选择"屏幕区域"单选按钮时,用户可以选择"自定义尺寸"或者"全屏","自定义尺寸"可以在"自定义"下拉列表框中选择预设尺寸,也可以拖动录制框手动设置录制区域;选择"应用程序"单选按钮时,在"选择窗口以录制"下拉列表框中选择当前启动的应用程序,设置录制区域。在"录制类型"选项下,用户可以选择"自动"或"手动"录制。选择"自动"单选按钮后,软件在录制的过程中,会根据屏幕操作自动捕获屏幕截图,可以录制鼠标指针和提示文字;选择"手动"单选按钮后,软件在录制的过程中,需要按下 PrintScreen 键即开始捕获屏幕截图,光标与提示文字不可录制。同时,还可以根据需要设置其他选项,如图 3-3-9 所示。

完成以上设置后,还需要在"偏好"对话框中进一步设置相关选项。操作时,单击"设置"按钮,打开"偏好"对话框,如图 3-3-10 所示,在"录制"选项下有"设置""视频演示""快捷键""模式"和"默认"5 个选项。

图 3-3-9 "尺寸"和"录制类型"选项

图 3-3-10 "偏好"对话框

（1）设置。展开"设置"选项，如图 3-3-11 所示。用户根据需要设置"生成字幕""音频选项""隐藏""其他"及"平滑运动"等选项，如在"生成字幕"下拉列表框中选择简体中文选项。

（2）视频演示。展开"视频演示"选项，如图 3-3-12 所示。用户根据需要设置"全局录制""工作文件夹""视频颜色模式"等选项，如取消勾选"在视频演示模式中显示鼠标"复选框后，在录制屏幕过程中，鼠标滚轮操作就不能录制下来。

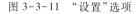

图 3-3-11 "设置"选项

图 3-3-12 "视频演示"选项

"工作文件夹"选项主要是设置录制屏幕过程中产生的临时文件存放的位置。若录制屏幕时间较长，存放临时文件的磁盘空间就需要大一些。

"视频颜色模式"选项若选择"16 位"则基本能够满足画面的要求。若对发布的文件画面质量要求比较高,可以选择"32 位",但生成的文件会比较大。

(3)快捷键。展开"快捷键"选项,如图 3-3-13 所示。"常规""手动录制""完整运动录制""摇摄"等都按默认设置即可。如果用户需要改变按键设置,单击按钮框,按下键盘上的功能键,即可改变按键设置。单击"恢复默认"按钮可以恢复软件初始设置。

(4)模式。展开"模式"选项,用户可以根据录制模式,设置"字幕""鼠标""点击框"和"文本输入框"等选项,如图 3-3-14 所示。"字幕"和"鼠标"选项在所有模式下都可以设置,而"点击框"和"文本输入框"选项只能在"评定模拟""训练模拟"和"自定义"模式下才可以设置。具体的的选项设置需要根据录制的实际情况进行。

图 3-3-13　"快捷键"设置

图 3-3-14　"模式"设置

(5)默认。在"默认"选项中可以对字幕框、字体、大小和颜色进行设置,如图 3-3-15 所示。用户可以根据实际需要改变其中的设置,建议使用软件默认设置。

图 3-3-15　"默认"设置

小提示:在"偏好"对话框中,还有"常规设置"和"默认"两个选项,用户可以根据实际需要进行设置,在此不再一一介绍。

2. 了解项目设置

在录制屏幕时,对于生成的 SWF、HTML5 文件的播放设置也比较重要。用户还可以单击"编辑"→"偏好"命令,打开"偏好"对话框,进一步设置"项目"中的选项与参数。

(1)信息。在"信息"选项中可以添加"作者""公司"和"版权"等信息,如图 3-3-16 所示。这些信息添加后,生成 SWF、HTML5 文件后就不能再更改,可以起到保护作者版权的作用。

(2)尺寸和品质。在"尺寸和品质"对话框中,用户可以根据需要设置项目作品的画面品质,如图 3-3-17 所示。

图 3-3-16 "信息"设置

图 3-3-17 "尺寸和品质"设置

(3)发布设置。在"发布设置"对话框中,用户可以根据需要设置"帧/秒""语言"及"外部资源"等选项,如图 3-3-18 所示。

(4)开始和结束。在"开始和结束"对话框中,用户可以根据需要设置"项目开始选项""项目结束选项"等,如图 3-3-19 所示。单击"密码保护项目"右边的"选项"按钮,在"选项"对话框中设置密码及密码提示等相关信息。用户还可以在"停止项目"选项中设置项目的结束时间,过期后,该项目就不能正常播放或浏览。

小提示:在"偏好"对话框中,"测验"选项是其他项目创作模式设置选项,在此不再一一介绍。

3. 设置播放器皮肤

播放 Captivate 软件编制的 SWF 文件需要 Flash 播放器支持,用户可以在"皮肤编辑"对话框中编辑个性的皮肤和播放器控制条。操作时,在"窗口"菜单中选择"皮肤编辑"命令,打开"皮肤编辑"对话框。

(1)播放控制。在"皮肤编辑"对话框中,单击播放控制按钮,勾选"显示播放控制"复选框,然后根据需要设置"皮肤""播放条"及其他选项,如图 3-3-20 所示。

图 3-3-18　"发布设置"设置　　　　　　　图 3-3-19　"开始和结束"设置

图 3-3-20　设置播放控制条

（2）边框。在"皮肤编辑"对话框中，单击边框按钮，用户可以根据需要设置播放器的边框样式、颜色、宽度等选项。操作时，勾选"显示边框"复选框，根据需要设置"边框""样式""宽""纹理"和"颜色"等选项或参数，即可打造个性化的边框，如图3-3-21所示。

　　小提示：在"皮肤编辑"对话框中，用户还可以将设置好的播放控制器和边框保存下来，下次使用时直接调用即可。

　　4. 设置发布选项

　　"发布"是屏幕录制、编辑工作中的最后环节，其选项设置直接影响到文件播放效果。操作时，单击"文件"→"发布"命令，打开"发布到我的电脑"对话框，如图3-3-22 所示。

图 3-3-21 编辑播放器边框

发布对话框中给用户提供了生成 HTML5、SWF 文件、直接发布到网站等多种发布方式。在生成 SWF 文件选项中,用户可以设置"项目标题"、文件存储"位置"及播放器版本等。

5. 了解"导入"命令

使用"导入"命令可以导入该软件已经录制的文件或者 Photoshop 文件、PPT 幻灯片等内容。操作时,单击"文件"→"导入"→"PowerPoint 幻灯片"命令,即可导入对象,如图3-3-23所示。

图 3-3-22 "发布到我的电脑"对话框

图 3-3-23 "导入"命令选项

小提示:使用"导入"命令操作比较简单,在此不再赘述。

6. 了解"导出"命令

"导出"命令可以将录制的内容直接导出到 Flash 软件或项目字幕。操作时,单击"文件"→"导出"→"项目字幕和隐藏式字幕"命令,即可导出对象,如图3-3-24 所示。

(1) 到 Flash CC。使用"到 Flash CC"命令,可以将正在录制、编辑的文件导出到 Flash 软件中进行编辑。

图 3-3-24　"导出"命令选项

（2）项目字幕和隐藏式字幕。使用"项目字幕和隐藏式字幕"命令可以将正在录制、编辑的文件中的字幕导出为 DOC 文档，如图 3-3-25 所示。使用 Word 软件修改字幕文本后，又可使用"导入"命令导入到录制的文档中。

图 3-3-25　导出的字幕文本

　　　小提示：使用"导出"命令还可以导出"样式"和"XML"等文件。这两种类型文件使用较少，在此不再赘述。

实训操作

1. 使用 Captivate 软件,录制一段计算机软件操作过程,并生成 HTML5 和 SWF 文件。

2. 将一个 PowerPoint 幻灯片文件导入到正在编辑的录屏文件中,并生成 HTML5 和 SWF 文件。

3. 在"皮肤编辑器"中编辑、设置播放器,然后生成并播放 SWF 文件,并向同学展示自己的编辑成果。

活动二 编辑文件

活动描述

对发布到网站的屏幕录制文件,晓晨需要按照要求,制作片头和片尾,删除文件在录制屏幕片段中多余的内容或不需要的字幕,添加声音等操作。

活动分析

Captivate 软件不仅具有较强的屏幕录制功能,而且在编辑、处理录制文件等方面也十分灵活。因此,使用该软件编辑、录制文件不存在技术上的难度。

活动展开

1. 插入片头

① 单击选择幻灯片缩略图框中的"1"号幻灯片。

② 单击"插入"→"图像幻灯片"命令,如图 3-3-26 所示,打开"打开"对话框。

③ 选择事先准备的图像文件。

小提示:还可以插入动画(SWF、GIF、FLA、AVI)或 PowerPoint 幻灯片。

④ 单击并拖曳"2"号幻灯片(插入的幻灯片)至"1"号幻灯片前,如图 3-3-27 所示。

小提示:幻灯片在播放时按照从小到大的序号依次播放,如果需要调整幻灯片的次序,单击该幻灯片,拖动到调整的次序即可。

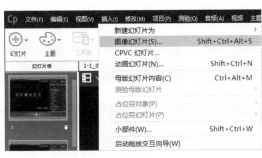

图 3-3-26 插入图像幻灯片

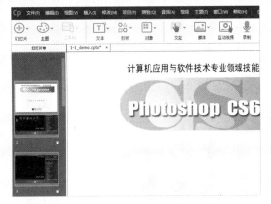

图 3-3-27 改变幻灯片次序

2. 设置幻灯片

① 打开"时间轴"面板。

② 选择需要设置的幻灯片,如图 3-3-28 所示。

📢 小提示:选择需要设置的幻灯片后,"时间轴"上显示该幻灯片图片、鼠标动作及字幕等内容。

图 3-3-28　幻灯片编辑模式

③ 选择"时间轴"图层,单击展开"属性"面板。

④ 在"属性"面板可以设置该图层对象的相关参数或选项,如图 3-3-29 所示。

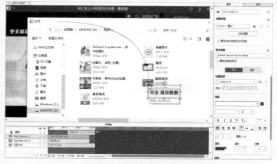

图 3-3-29　设置图层对象属性

⑤ 选择"时间轴"图层,单击展开"定时"面板。

⑥ 单击幻灯片中的对象,设置显示时间和效果,如图 3-3-30 所示。

⑦ 设置完毕,即可发布项目。

📢 小提示:编辑完毕,发布文件即完成屏幕录制。

图 3-3-30　设置幻灯片对象效果

1. 了解文本

在处理录屏的幻灯片时,有时需要修改幻灯片中文字,或者添加文本、文本框或文本动画等。单击工具栏"文本"下拉列表,如图 3-3-31 所示,根据需要选择相关功能即可实现。

(1) 文本字幕。使用"文本字幕"可以在幻灯片中添加字幕。单击工具栏"文本"下拉列表,选择"文本字幕"选

图 3-3-31　文本工具下拉列表

项,幻灯片中出现"点击'按钮'进入"提示。双击文本框,输入文本,在"样式"面板中设置文本字体、字号、颜色和效果等,如图3-3-32所示。

（2）文本输入框。选择"文本输入框"可以在幻灯片中添加文本输入框。选择工具栏"文本"下拉列表中的"文本输入框"选项,在"样式"面板的"默认文本"文本框中输入文字,然后设置文本字体、字号、颜色和阴影等,如图3-3-33所示。

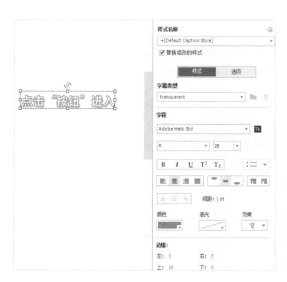

图3-3-32　文本字幕

图3-3-33　文本输入框

（3）文本动画。使用"文本动画"工具可以给幻灯片添加动态文本。单击工具栏"文本"下拉列表,选择"文本动画"选项。在"文本动画属性"对话框中输入文本,如"谢谢光临!",然后设置文本字体、字号、颜色及动画播放类型,如图3-3-34所示。

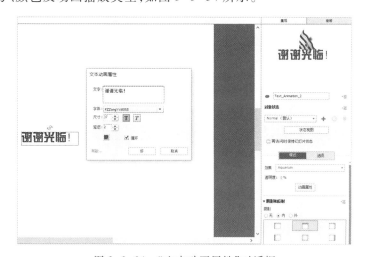

图3-3-34　"文本动画属性"对话框

2. 了解形状

"形状"工具提供了制作幻灯片常用的图形、箭头、按钮、旗帜等图形,如图 3-3-35 所示。单击"形状"下拉列表,选择基本形状样式,在幻灯片中拖动鼠标,绘制出图形框,在"样式"面板中设置图形的填充、边框颜色及效果,如图 3-3-36 所示。如果绘制按钮,除了在"样式"面板中设置图形的填充、边框颜色及效果外,还可以在"动作"面板设置按钮响应选项,如图 3-3-37 所示。

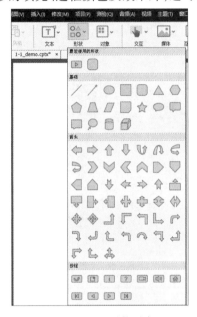

图 3-3-35　形状列表

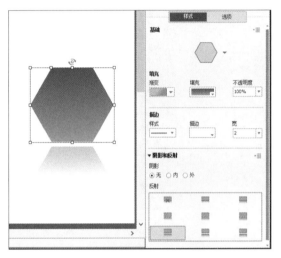

图 3-3-36　绘制图形

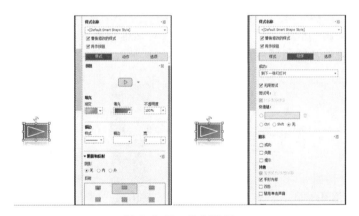

图 3-3-37　绘制按钮

3. 了解对象

使用"对象"工具,在幻灯片中可以添加"高亮框""鼠标""缩放区域""滚动字幕""滚动图像""滚动幻灯图片"及"网络"。单击"对象"下拉列表,选择对应的对象,在幻灯片中完成设置即可,如图 3-3-38 所示。

(1)高亮框。在屏幕录制的过程中,为了提醒观看者注意操作点,软件自动在操作的关键点添加高亮框。操作时,单击"对象"下拉列表,选择"高亮框",在幻灯片中绘制高亮框,然后在"样式"面板中设置高亮框填充、描边和阴影等,如图 3-3-39 所示。

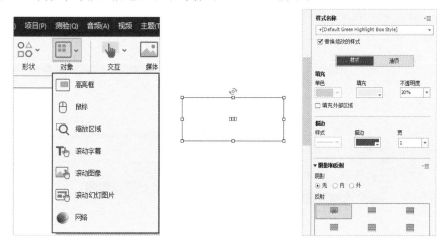

图 3-3-38　形状列表　　　　　　　　图 3-3-39　插入高亮框

（2）鼠标。有时需要在幻灯片中添加鼠标移动轨迹和点击效果。操作时,单击"对象"下拉列表,选择"鼠标",在幻灯片中确定鼠标轨迹和点击位置,设置鼠标指针形状及相关选项,如图 3-3-40 所示。

（3）滚动字幕。使用"滚动字幕"工具可以在幻灯片中制作字幕滚动效果。操作时,单击"对象"下拉列表,选择"滚动字幕",在幻灯片中确定字幕内容和字幕显示区域（蓝色框）,如图 3-3-41 所示。

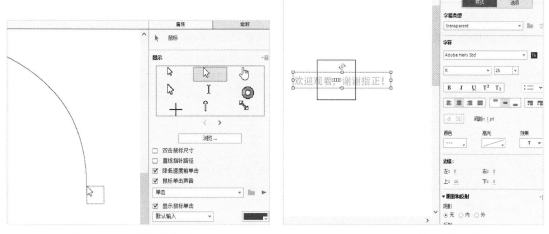

图 3-3-40　添加鼠标对象　　　　　　图 3-3-41　添加滚动字幕

小提示:缩放区域、滚动图像、滚动幻灯图片与滚动字幕制作方式相似,在此不再一一介绍。

4. 给幻灯片配音

在录制屏幕的过程中可以给幻灯片配音,也可以编辑、修改完成后再配音。操作时,选择幻灯片母版,展开"选项"面板,单击"添加音频"按钮,如图 3-3-42 所示,打开"幻灯片音频"对话框,如图 3-3-43 所示。在"幻灯片音频"对话框中,可以现场录制,也可以单击"导入旁白"按钮导入已有音频。

图 3-3-42　"选项"面板

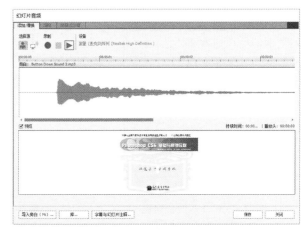

图 3-3-43　"幻灯片音频"对话框

小提示:除了可以给幻灯片添加音频外,还可以给对象添加音频,比如给按钮添加效果音。

实训操作

1. 使用 Captivate 编辑录制项目文件,添加片头与片尾。
2. 编辑项目文件,然后使用麦克风配音,并与同学交流。
3. 尝试其他屏幕录制软件,比较其优劣,记录在表 3-3-1 中,并与同学进行交流。

表 3-3-1　评选"优秀"屏幕录制软件

软件名称	性质	比较
	□共享 □免费 □其他	
	□共享 □免费 □其他	
	□共享 □免费 □其他	

任务评价

在完成本次任务的过程中,我们学会了使用软件录制屏幕,请对照表 3-3-2,进行评价与总结。

表 3-3-2　评价与总结

评价指标	评价结果	备　注
1. 会使用软件录制屏幕	□A　□B　□C　□D	

续表

评 价 指 标	评 价 结 果		备 注
2. 能够根据实际需要编辑录屏文件	□A □B □C □D		
3. 能够尝试多种录屏软件并比较优劣	□A □B □C □D		
4. 能够积极主动展示学习成果,并帮助他人	□A □B □C □D		
5. 能够感受到工具软件给学习、生活带来的便捷	□A □B □C □D		

综合评价:

任 务 四 　 编 辑 音 频

 情景故事

　　露露从小酷爱音乐,平时喜欢将一些钟爱的歌曲改词或改曲进行翻唱。她上职校后选择了幼儿教育专业,接受音乐专业训练后,具备了一定音乐创作能力,常常改编或创编一些小曲,在同学之间进行传唱。由于其良好的专业功底,毕业后被一家幼儿园高薪聘请,成为一名正式的幼儿园音乐教师。

　　在幼儿园的工作中,除了正常的教学工作以外,她还要指导、组织开展一些大型的文娱活动。在组织活动过程中,经常要对音乐进行改编或创编,音乐编辑软件就成为她重要的帮手。

　　本任务中将使用 Adobe Audition 软件编辑音频。

 任务目标

　　1. 能够使用音频编辑软件录制音频。
　　2. 能够使用音频编辑软件对音频进行简单的编辑。
　　3. 能够使用音频编辑软件给音频添加效果。
　　4. 能够感受到音频编辑软件给学习、生活和工作带来的乐趣。

 任务准备

　　1. 了解声音
　　声音是由物体振动产生,以声波的形式传播。人们从声音的响度、音调、音色三个主要因素来区分声音。

167

响度又称音量,是人主观上感觉声音的大小。响度是由"振幅"和人离声源的距离决定,振幅越大,响度越大;人和声源的距离越小,响度越大。声音大小的单位为分贝(dB),正常人听觉的强度范围为 0~140 dB。

　　音调是指声音的的高低(即高音、低音),由"频率"决定,频率越高,音调越高,反之越低,频率单位为赫兹(Hz)。1 kHz 或 1 000 Hz 表示每秒经过一给定点的声波有 1 000 个周期,人耳的听觉范围是 20~20 000 Hz。

　　音色又称音品,波形决定了声音的音色。声音因不同物体材料的特性而具有不同特性,音色本身是一种抽象的东西,但波形是将这个抽象直观的表现。音色不同,波形则不同。典型的音色波形有方波、锯齿波、正弦波、脉冲波等。不同的音色,通过波形,完全可以分辨出来。有规则的让人愉悦的声音称为乐音,发声体做无规则振动时发出的声音称为噪音。

　　在编辑处理音频的过程中,也就是改变声音的响度、音调和音色等参数,达到符合要求的音频。

　　2. 获取 Audition 软件

　　Adobe Audition 是由 Adobe 公司研发的一款音频录制、编辑和效果处理软件,界面简洁、功能较强,能够直观感受处理过程。获取该软件可在其官方网站下载,然后根据安装提示,完成软件安装即可使用。

　　3. 认识 Audition 软件

　　Audition 提供了音频录制、混合、编辑、控制和添加效果等处理功能。最多混合 128 个声道,也可编辑单个音频文件,可使用近 50 种数字信号处理效果。无论是录制音频、剪辑还是配音,均能够满足用户的需求。

　　当用户正确安装 Audition 软件后,启动该软件即可进入操作界面,如图 3-4-1 所示,用户可根据需要录制、编辑音频。

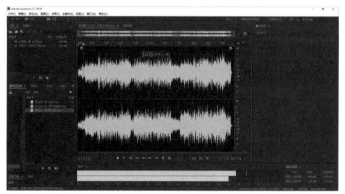

图 3-4-1　Audition 软件界面

　　进入 Audition 软件界面,即可看到"波形"和"多轨"两种编辑模式和功能控制面板。在"波形"编辑模式下,可以对单个音频进行编辑与处理,在"多轨"模式下,可对多个音频进行编辑与处理。

　　(1)文件。"文件"面板相当于音频素材库,将需要编辑和处理的音频文件集中放置于此。

在"文件"面板上还可以使用"导入""关闭""编辑文件""插入多轨会话"及其他控制按钮对音频文件进行操作,如图 3-4-2 所示。

（2）效果。"效果组"面板分类存放音频处理效果,如图 3-4-3 所示。当用户给音频添加效果时,打开"效果组"面板中的效果,选择某一种效果,即可打开效果调整对话框,设置选项和调试参数,如图 3-4-4 所示。

图 3-4-2　"文件"面板　　　　图 3-4-3　"效果组"面板

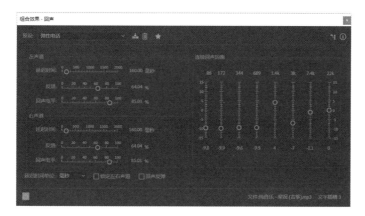

图 3-4-4　效果调整对话框

（3）收藏夹。"收藏夹"面板是存放经常使用的操作和效果,如图 3-4-5 所示。用户在操作的过程中,双击"效果"名称,打开"收藏编辑"对话框,可以编辑音频处理的效果,如图 3-4-6 所示。

图 3-4-5　"收藏夹"面板　　　　图 3-4-6　"收藏编辑"对话框

（4）编辑器。"编辑器"是音频显示、编辑、混合的窗口。"编辑"和"多轨"模式的"编辑器"面板有所区别,分别如图3-4-7和图3-4-8所示。在"多轨"模式下还提供了"混音器"操作面板,如图3-4-9所示,方便用户直观地调节音频。

图 3-4-7　编辑模式

图 3-4-8　多轨模式

图 3-4-9　"混音器"面板

任务设计

活动一 录制音频

活动描述

露露经常将自己喜欢的歌曲翻唱成自己的版本。翻唱时,使用播放器播放歌曲原版的旋律,自己唱词,录制成为属于自己版本的歌曲,但只供教学或文娱活动使用。

活动分析

使用 Audition 软件录制音频,只要事先准备好录音设备和设置好软件的相关选项,就能轻松地完成任务。

活动展开

录制声音

① 启动 Audition 软件,进入软件操作界面。

② 单击"文件"→"新建"→"音频文件"命令,打开"新建音频文件"对话框。

③ 在"文件名"文本框中输入"录音01"。

④ 在"采样率"栏中选择"48000"选项,设置采样率。

⑤ 在"通道"栏中选择"立体声"选项,设置通道。

⑥ 在"分辨率"栏中选择"32 位(浮点)"选项,设置分辨率,如图 3-4-10 所示,设置完毕,单击"确定"按钮。

图 3-4-10 新建文件

⑦ 将麦克风插入计算机"话筒"接口,准备录音。

⑧ 单击"混音器"面板上的"录音"按钮,开始录音,如图 3-4-11 所示。

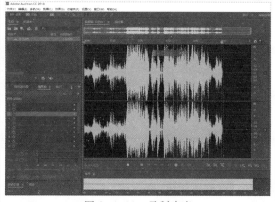

图 3-4-11 录制声音

⑨ 单击"文件"→"另存为"命令,打开"另存为"对话框。

⑩ 在"文件名"栏中输入文件名。

⑪ 在"位置"栏设置文件保存的位置。

⑫ 单击"确定"按钮,保存文件,如图3-4-12所示。

图 3-4-12 保存文件

1. 了解数字音频参数设置

使用麦克风(话筒)将自然界的声音,通过模拟音频转换为数字音频,并以文件的形式保存在计算机中的过程称为音频数字化。使用软件音频数字化前需要设置采样率、通道和分辨率等参数。

(1)采样率。采样率又称为"采样速度"或者"采样频率",是定义每秒从连续信号中提取并组成离散信号的采样个数,单位用赫兹(Hz)来表示。采样率的倒数是采样周期(也称为采样时间),它表示采样之间的时间间隔。在录制声音时,根据不同的用途可以设置不同的采样率。在数字音频领域,常用的采样率如表3-4-1所示。

表 3-4-1 音频采样率与用途

采样率/Hz	用 途
8 000	电话所用采样率
11 025~22 050	无线电广播所用采样率
32 000	miniDV 数码视频 camcorder、DAT(LP mode)所用采样率
44 100	音频 CD,也常用于 MPEG-1 音频(VCD、SVCD、MP3)所用采样率
47 250	商用 PCM 录音机所用采样率
48 000	miniDV、数字电视、DVD、DAT、电影和专业音频所用采样率
50 000	3M 和 Soundstream 开发的商用数字录音机所用采样率
50 400	三菱 X-80 数字录音机所用采样率
96 000 或 192 000	DVD-Audio、LPCM DVD 音轨、BD-ROM(蓝光盘)音轨和 HD-DVD(高清晰度 DVD)音轨所用采样率

(2)通道。也称声道,是指声音在录制或播放时在不同空间位置采集或回放的相互独立的音频信号,有单声道、双声道、多声道和环绕立体声道。声道数也就是声音录制时的音源数量或回放时相应的扬声器数量。非专业的普通声音录制时,选择"立体声"即可。

（3）分辨率。声音分辨率是指在声音数字化过程中,声卡在采集和播放声音文件时所使用数字声音信号的二进制位数。声卡的位客观地反映了数字声音信号对输入声音信号描述的准确程度。录制声音时,采样位数和采样率决定了声音采集的质量。位数值值越大,解析度就越高,录制和回放的声音就越真实。常见的倍数有 8、16 和 32 位。8 位指 2^8 个精度单位;16 位指 2^{16} 个精度单位;32 位指 2^{32} 个精度单位。当然,精度单位数值越大,其声音回放效果越好,其文件也越大。一般来说,使用 16 位即可满足多数声音录制要求。

2. 设置 Windows 系统声音选项

在 Windows 操作系统中,在窗口一般只显示声音输出控制图标,如图 3-4-13 所示,而很少设置声音输入,从而导致录音时,麦克风插入声音输入孔不能录音的现象。因此,就需要用户在系统"设置"面板检查"声音"设置,如图 3-4-14 所示。在"设置"面板中,单击"声音"控制面板,打开"声音"对话框,设置"录制"相关参数,如图 3-4-15 所示。

图 3-4-13　声音输出图标

🔊 小提示:不同的声卡,其属性对话框中的设置选项不尽相同。在设置的过程中,只要将麦克风录音端口设置为"开"即可。

图 3-4-14　系统设置面板

图 3-4-15　"声音"对话框

3. 提取视频中的音频

使用 Audition 软件可以提取视频中的声音,然后保存音频文件。操作时,单击"文件"→"打开"命令,在"打开文件"对话框中选择视频文件,如图 3-4-16 所示。打开视频文件后,单击"文件"→"另存为"命令,在"另存为"对话框中选择音频文件格式(如"MP3 音频(*.mp3)"),输入文件,设置相关参数,单击"确定"按钮,如图 3-4-17 所示。

🔊 小提示:若要提取 CD 光盘中的音频,先将 CD 音乐光盘放置到光盘驱动器,然后启动 Audition 软件,单击"文件"→"从 CD 中提取音频"命令,打开"从 CD 中提取音频"对话框,设置相关选项,即可提取 CD 中的音频。

图 3-4-16 打开视频文件

图 3-4-17 保存音频文件

实训操作

1. 唱一首自己最喜欢的歌,使用 Audition 软件将歌声录制、保存下来,并把录制结果记录在表 3-4-2 中。

表 3-4-2 音频录制记录表

歌名			音频时长	
文件名		大小	文件类型	

2. 将录制的歌曲保存成不同采样率的 MP3 格式文件,观察不同采样率的文件,与同学交流,并将观察结果记录在表 3-4-3 中。

表 3-4-3 音频采样率比较记录表

采样率	8 000 Hz		22 050 Hz		44 100 Hz	
观察内容	文件大小	播放效果	文件大小	播放效果	文件大小	播放效果
观察结果						

3. 选择一段视频,将视频中的音频提取出来,把提取结果记录在表 3-4-4 中。

表 3-4-4 提取视频中的音频记录表

视频名		视频时长		文件类型		文件大小	
音频名		音频时长		文件类型		文件大小	

活动二 编辑音频

活动描述

露露将歌词录制完成后,需要修剪音频中多余的片段,然后与歌曲旋律进行混合编辑,形成

 174

一首首翻唱作品。

活动分析

Audition 软件剪辑、复制、混合音频的操作过程十分直观,也很灵活,所见即所得。因此,用户使用该软件编辑、处理音频不存在技术上的难度。

活动展开

1. 剪辑歌词音频

① 启动 Audition 软件,进入软件操作界面。

② 单击"文件"面板上"导入文件"按钮,打开"导入"对话框。

③ 在"导入"对话框中选择录制的音频文件,单击"打开"按钮,将文件导入到"文件"面板,如图 3-4-18 所示。

图 3-4-18　导入音频文件

④ 在"编辑器"面板中单击"缩放"面板上的"水平放大"按钮,水平放大波形。

⑤ 单击工具栏上"刷选工具"按钮,选择工具。

⑥ 拖曳时间指针,查找编辑点,如图 3-4-19 所示。

⑦ 单击工具栏中"时间选择工具"按钮,选择工具。

⑧ 单击音频编辑起点并拖曳鼠标到终点,选择音频波形片段。

⑨ 单击鼠标右键,选择"剪切"命令,删除选择音频波形片段,如图 3-4-20 所示。

⑩ 按 Ctrl+S 键,保存文件。

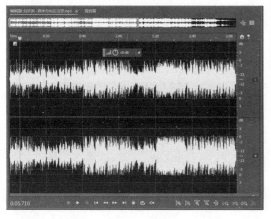

图 3-4-19　查找编辑点

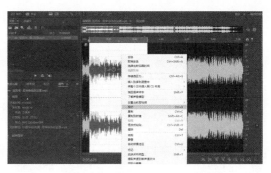

图 3-4-20　删除音频波形片段

2. 混合音频

① 单击"文件"面板中"导入文件"按钮，打开"导入文件"对话框。

② 选择"音频"文件，导入文件。

③ 单击"多轨"选项卡，打开"新建多轨会话"对话框。

④ 在"会话名称"文本框中输入"配乐朗诵"，命名名称。

⑤ 设置相关参数，单击"确定"按钮，创建会话，如图 3-4-21 所示。

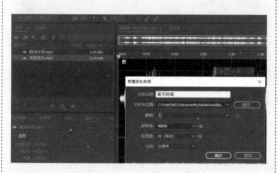

图 3-4-21　新建多轨会话

⑥ 单击并拖动文件框中的"朗诵录音"文件到"编辑器"面板的时间轴上。

⑦ 弹出音频文件采样率与会话采样率不一致的提示框，单击"确定"按钮，创新音频副本，如图 3-4-22 所示。

⑧ 采用同样的方式，把"背景音乐"添加到"编辑器"面板的时间轴上。

📢 小提示：添加到"多轨"模式中的音频文件采样率与新建会话的采样率必须相同，否则需要创建与会话相同的音频副本。

图 3-4-22　创建音频副本

⑨ 单击工具栏中的"移动工具"按钮，选择工具。

⑩ 选择并移动"背景音乐"在"轨道 2"时间轴起点，如图 3-4-23 所示。

图 3-4-23　移动音频位置

⑪ 单击"播放"按钮，试听混音。

⑫ 单击"混音器"选项卡，打开"混音器"面板，准备调整音量。

⑬ 根据音量高低，移动"音量滑块"，如图 3-4-24 所示，调整音轨音量。

📢 小提示：混音器的设置比较复杂，还可设置音频效果、EQ 等选项。

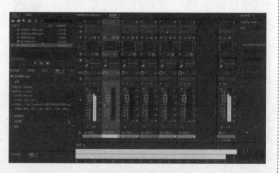

图 3-4-24　调整音量

⑭单击"文件"→"保存会话"命令,打开"保存会话"对话框。

⑮在"文件名"文本框中输入文件名,单击"保存"按钮,保存会话文件,以备修改。

⑯单击"文件"→"导出",→"多轨混音"→"整个会话"命令,打开"导出多轨混音"对话框。

⑰在"文件名"文本框中输入文件名,单击"确定"按钮,保存混音文件,如图 3-4-25 所示。

🔊 小提示:简单的混合音频的操作基本完成。

图 3-4-25 导出混音

拓展提示

1. 在"编辑"模式下剪辑音频

在"编辑"模式下编辑音频的操作一般包括选择、复制、剪切、粘贴、裁剪、静音和删除等操作。完成上述操作,首先需要选择音频波形片段。操作时,单击工具栏上的"时间选择工具"按钮,单击音频声道上的波形作为选择的起点,拖曳鼠标至终点并释放鼠标,建立选择范围,如图 3-4-26 所示。

图 3-4-26 选择音频波形片段

选择音频波形片段后,单击鼠标右键,在右键菜单中分别选择"剪切""复制""粘贴""裁剪""静音"等命令,即可完成相关操作,如图 3-4-27 所示。同时,若按 Delete 键,可以删除选择的内容。

(1)修剪。修剪命令是将选择范围外的所有内容全部删除,并将选择范围内容片段移动到时间线的起点(即"0")。

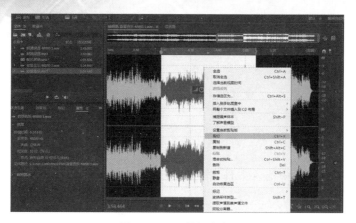

图 3-4-27　剪切音频

（2）复制到新建。使用"复制到新建"命令后，将所选择部分复制，然后自动创建一个新的文件，并将复制的内容粘贴，如图 3-4-28 和图 3-4-29 所示。

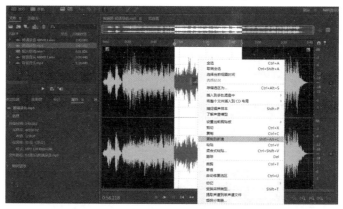

图 3-4-28　选择"复制到新建"命令

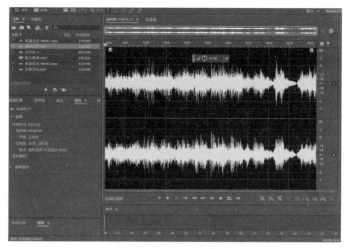

图 3-4-29　执行"复制到新建"命令后

（3）静音。使用"静音"命令，可将选择的音频波形部分的声音消除。

（4）混合式粘贴。"混合式粘贴"命令可以将"剪贴板"中的波形内容或"音频文件"插入到当前文件中，或重叠、替换、调制当前文件已经选择的波形部分。操作时，若插入音频，单击时间线上音频波形位置，确定插入点，单击右键，选择"混合式粘贴"命令，如图 3-4-30 所示，打开"混合式粘贴"对话框，在该对话框中选择"插入"单选按钮，在来源选项中，选择"自剪贴板"（确认"剪贴板"中已经剪切需要的内容）或"来自文件"（单击"浏览"按钮，选择音频文件），单击"确定"按钮，完成插入操作，如图 3-4-31 所示。

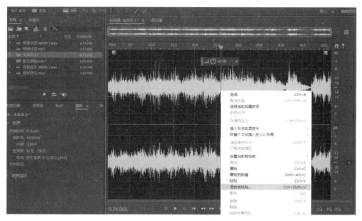

图 3-4-30 选择"混合式粘贴"命令

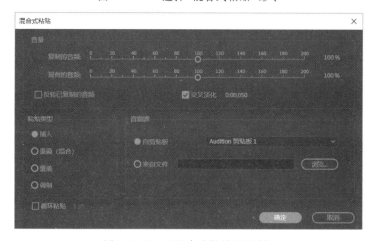

图 3-4-31 "混合式粘贴"对话框

小提示："重叠（混合）"、"覆盖"和"调制"与"插入"选项的操作区别就是需要在原音频时间线上选择需要重叠、覆盖或调制的部分，其他操作一样，在此不再赘述。

2. 转换音频

在"多轨"模式下添加音频文件，必须将音频文件的采样率、通道（声道）、分辨率（位深度）转换成统一类型，否则不可实现混合编辑。在转换前，依次双击"文件"面板中的音频文件，在"状态"栏中查看音频文件的相关信息，然后以质量最高的音频文件为参照标准，将其他音频文件转换成参照标准文件相同的类型。

（1）转换采样率。双击"文件"面板中需要转换采样率的文件，打开该文件，使其处于编辑状态。单击"编辑"→"解释采样率"命令，打开"解释采样率"对话框，在"解释采样率为"下拉列表框中选择采样率，单击"确定"按钮，即可调节采样率，如图 3-4-32 所示。

 小提示：音频转换采样率后，会改变音调。若需要改变音调，可以选转换采样率，否则选择"转换采样类型"改变音频采样率。

（2）转换采样类型。双击"文件"面板中需要转换采样的文件，打开该文件，使其处于编辑状态。单击"编辑"→"变换采样类型"命令，打开"变换采样类型"对话框，分别在"采样率"列表、"声道"选项和"位深度"下拉列表中选择参照文件相同的类型，单击"确定"按钮，即可转换采样类型，如图 3-4-33 所示。

图 3-4-32　"解释采样率"对话框　　　图 3-4-33　"变换采样类型"对话框

3. 在"多轨"模式下编辑音频

"多轨"模式下的主群组主要是用来混合编辑音频的功能面板。使用时，单击工具栏中的"多轨"按钮，即可切换到"多轨"模式，软件的菜单命令与"编辑"模式有较大的改变，"编辑器"也由多条音轨组成，可供用户添加、编辑、修饰需要混合的音频。

（1）添加音频。在音轨上添加音频时，单击"文件"面板中的音频文件并拖曳到音轨上即可，如图 3-4-34 所示。

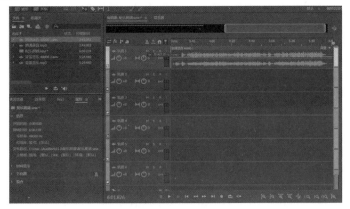

图 3-4-34　添加音频到音轨

小提示：将音频添加到"多轨"模式的音轨上时，选择需要添加的"文件"，单击"新建多轨会话"按钮，即可创建一个新的会话文件，并将所选择的音频文件添加到音轨上，如图 3-4-35 所示。在"多轨"模式下，"文件"面板犹如一个音频素材库，其中的音频可以在"多轨"模式下重复调用。

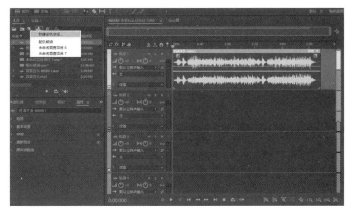

图 3-4-35　新建多轨会话

（2）移动音频。在"多轨"模式下编辑音频时，用户会经常性地移动音轨上的音频。移动时，单击工具栏中的"移动工具"按钮，单击选择音轨上的音频，即可自由移动音频到任何需要的地方，如图 3-4-36 所示。

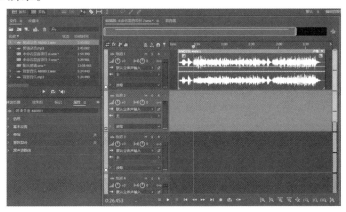

图 3-4-36　移动音频

（3）拆分音频。在"多轨"模式下编辑音频时，用户经常要将整段音频裁剪成多段并与其他音频对准位置，这就需要"拆分"操作。操作时，将时间指针移动到需要拆分的音频位置，右键单击音轨上的音频，在右键菜单中选择"拆分"命令即可，如图 3-4-37 所示。

（4）选择音轨音频。当编辑器多条音轨上均有音频时，单击可以选择当前音频，按住 Ctrl 键可以逐条选择多条音频，按下 Shift 键单击最上层音轨第一条音频和最下层音轨最后一条音频可以将编辑器上所有音轨上的音频全部选中。当然，单击"编辑"→"全选"命令也可以选择全部音频，如图 3-4-38 所示。

图 3-4-37 拆分音频

图 3-4-38 全选音频

（5）锁定音频时间。当在多条音轨上编辑多个音频时，为了使已经编辑好的音频不因为误操作而移动位置，用户可以将该音频锁定在时间线上的位置。操作时，右键单击需要锁定的音频剪辑，选择"锁定时间"命令即可，如图 3-4-39 所示。

图 3-4-39 锁定音频时间

📢 小提示：对音轨上的音频剪辑进行了锁定操作后，该音频剪辑上会显示"锁"形，即用户只能移动该音频剪辑到其他音轨，但不能改变该音频剪辑在时间线上的位置。

实训操作

　　1.使用 Audition 软件编辑录制的歌曲，裁剪音频中多余的部分，并保存为 MP3 文件。

　　2.将编辑的歌曲音频文件与歌曲旋律进行混合编辑，制作一首翻唱的歌曲，展示给同学，听听他们的评价。

活 动 三　修 饰 音 频

活动描述

　　露露混合歌曲后，发现唱词中有吸气、电流等噪声，影响歌曲的播放质量，所以她还需要对音频进行修饰和编辑等操作。

活动分析

　　Audition 软件提供了近 50 种音频修饰效果，可以根据用户的需要，灵活地给音频添加效果，难度不大。

活动展开

1.消除噪声　　① 启动 Audition 软件，进入软件操作界面。　　② 单击"文件"→"打开"命令，打开"打开"对话框。　　③ 在"打开"对话框中选择录制的"朗诵录音"文件，单击"打开"按钮，打开文件，如图 3-4-40 所示。	④ 单击"效果"→"降噪/恢复"→"降噪/处理"命令，打开"效果-降噪"对话框。　　⑤ 播放音频，调试参数，试听效果。　　⑥ 调整好效果后，单击"应用"按钮，消除噪声，如图 3-4-41 所示。

图 3-4-40　打开文件

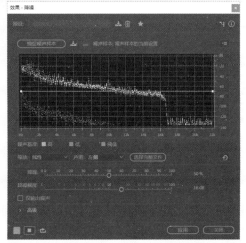

图 3-4-41　消除音频噪声

2. 变调

① 单击"效果"→"时间与变调"→"变调器（进程）"命令，打开"效果-变调器"对话框。

② 选择"预设"下拉列表中"仅向上卷起"选项。

③ 单击"应用"按钮，完成变调，如图3-4-42所示。

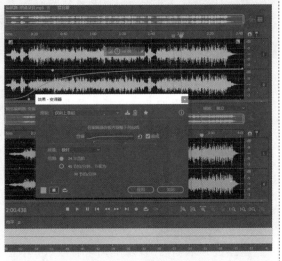

图3-4-42　变调音频

1. 了解效果

在编辑、处理音频的过程中，需要消除音频中不需要的噪音，保留圆润、饱满的乐音是音频创作者的追求。要达到这种效果，就需要使用软件提供的相关工具和效果处理。Audition软件提供"振幅与压限""延迟与回声""诊断""滤波与均衡""调制""降噪/恢复""混响""特殊效果""立体声声像"和"时间与变调"等多种效果，如图3-4-43所示，极大地满足了用户的需求。操作时，在"效果"菜单中选择相应的命令，打开相应对话框，调整相关选项或参数，即可完成音频修饰，如图3-4-44所示。

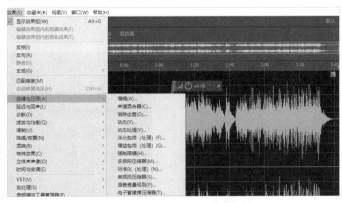

图3-4-43　"效果"菜单

🔊　小提示：Audition软件还对效果进行了组合预设，用户可以直接选用。"波形"和"多轨"编辑模式下"效果组"不一样。操作时，在"波形"模式下，打开音频文件，单击"效果组"选项卡，在"预设"下拉列表中选择合适的效果组合，单击"应用"按钮即可应用到当前音频中，如图

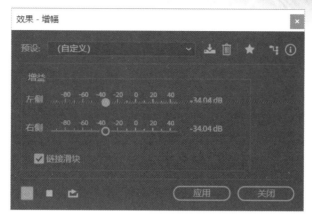

图 3-4-44 "效果-增幅"对话框

3-4-45所示；在"多轨"模式下，选择音轨上的音频，单击"效果组"选项卡下的"剪辑效果"或"音轨效果"，如图 3-4-46 所示，在"预设"下拉列表中选择合适的效果组合即可应用到当前音频中。"剪辑效果"只应用到当前选择的音频，而"音轨效果"应用到当前选择的整条音轨。

图 3-4-45 "波形"模式"效果组"选项卡

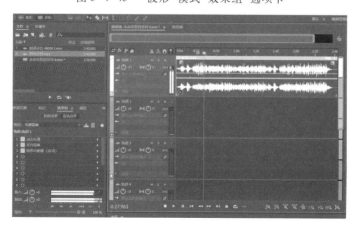

图 3-4-46 "多轨"模式"效果组"选项卡

2. 在"多轨"模式下给音频添加效果

在"多轨"模式下编辑音频时,往往需要根据混合效果修饰部分音轨。操作时,单击"主群组"面板上的"效果"按钮,打开"效果"选项列表。根据需要,在"效果组"预设列表中选择效果选项,如图3-4-47所示。若对预设不满意,双击打开"效果"对话框,播放该音轨中的音频,调整该对话框中的参数与选项,如图3-4-48所示。调整完毕,单击"存储预设"按钮。

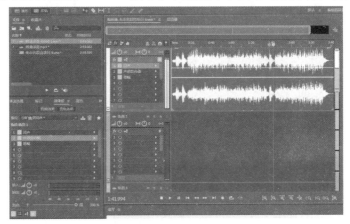

图3-4-47 添加效果

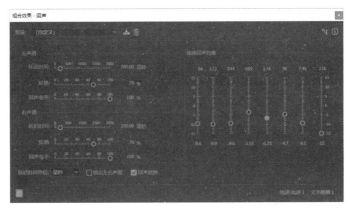

图3-4-48 修改预设效果

实训操作

1. 使用Audition软件为录制的歌词去除噪音、添加回声等效果,使音频更加完美。
2. 在"多轨"模式下给翻唱的歌曲添加恰当的效果,导出混合文件,并与同学交流。
3. 尝试其他音频编辑软件,比较其优劣,记录在表3-4-5中,并与同学进行交流。

表3-4-5 评选"优秀"音频编辑软件

软件名称	性质	比较
	□共享 □免费 □其他	
	□共享 □免费 □其他	

任务评价

在完成本次任务的过程中，我们学会了使用软件编辑音频，请对照表 3-4-6，进行评价与总结。

表 3-4-6　评价与总结

评价指标	评价结果	备注
1. 会使用软件录制音频	□A　□B　□C　□D	
2. 会使用软件剪辑音频	□A　□B　□C　□D	
3. 能够根据需要给音频添加效果，修饰音频	□A　□B　□C　□D	
4. 能够积极主动展示学习成果，并帮助他人	□A　□B　□C　□D	
5. 能够感受到工具软件给学习、生活带来的便捷	□A　□B　□C　□D	

综合评价：

任务五　编辑视频

 情景故事

丁睿从某中等职业学校计算机应用专业毕业后就职于一家影视专业制作公司，由于他特别精通音视频的创意设计、拍摄与编辑，所以专职从事影视的创作工作。上学时拍摄的 DV 短片还获得了国家级大奖。

要实现良好的影视创意，必须有相应的视频素材和软件编辑、处理平台。因此，掌握视频编辑软件是创作优秀作品的基础。

本任务中将使用 VideoStudio 2018（即"会声会影 2018"）软件编辑视频。

 任务目标

1. 能够使用视频软件对素材进行剪辑处理。
2. 能够使用视频软件创作视频短片。
3. 能够感受到视频软件给人们生活、学习和工作带来的乐趣。

 任务准备

1. 了解视频处理过程

无论是流行的电影大片,还是普通的网络视频,其制作过程一般都要经过拍摄、编辑和发布等。

(1)拍摄。使用视频拍摄工具(如摄像机或带摄像功能的相机、手机)将现实中景物动态连续记录下来,形成能够用播放设备(包括计算机、网络)回放的信号(模拟信号与数字信号),称为录像或视频。随着科学技术的发展,现在的视频拍摄工具在获取景物的过程中就将光信号和电信号转换为数字信号,以计算机能够识别的文件保存下来。因此,就省去了以前获取视频(数、模转换)的过程,直接可以获取视频文件。

(2)编辑。在进行视频短片创作的过程中,获取的视频文件只是创作的素材,需要对视频素材进行合理的取舍与裁剪。这一过程通过使用视频编辑软件即可完成。

(3)发布。将编辑后的视频素材,按照一定的次序组织起来,形成一部意义表达完整的视频,发布后才能生成给公众观看的视频短片。

2. 获取"会声会影"软件

"会声会影"是由 Corel 软件公司研发的一款视频采集、编辑与发布软件,界面简洁,功能较强,能够直观感受处理过程。获取该软件可在 Corel 官方网站下载。根据安装提示,完成软件安装即可使用。

小提示:"会声会影"软件与其他软件一样,随着时间的推移,也会不断地优化升级,以满足用户的更多需求。用户在使用的过程中可以下载最新的软件,会有更好的体验。

3. 认识"会声会影 2018"

"会声会影 2018"软件的设计十分人性化,即使是新用户,只要按照视频编辑的一般流程,都可以轻松上手,完成简单视频的编辑。

用户进入"会声会影 2018"操作界面,如图 3-5-1 所示,根据界面上"捕获""编辑""共享"三个步骤就可快速做出视频短片,即使是入门用户也可以在短时间内体验影片剪辑乐趣。同时,用户在"编辑"模式下随时可以使用剪辑、转场、特效、覆叠、字幕、配乐等功能。

图 3-5-1 "会声会影"软件界面

任务设计

活动一 剪辑视频素材

活动描述

丁睿在影视创作公司编辑影视作品时,均由多位成员分工协作完成,比如 A 负责素材的前期处理,B 负责字幕,C 负责合成等,其中,丁睿负责剪辑视频素材,这是一部影视作品制作的首要工作。

活动分析

影视创作前期的素材处理工作,主要是对视频片段中有明显瑕疵或无用的片段进行剪辑与处理。"绘声会影"软件操作简单,处理视频素材没有难度。

活动展开

1. 导入素材

① 启动"会声会影"软件,进入软件操作界面。

② 单击"捕获"按钮,进入"捕获"模式。

③ 单击"捕获"列表中的"从数字媒体导入"选项,如图 3-5-2 所示,打开"从数字媒体导入"对话框。

④ 单击"选取'导入源文件夹'"按钮,打开"选取'选取源文件夹'"对话框。

⑤ 选择视频所在的文件夹,单击"确定"按钮,选择源文件夹。

⑥ 单击"起始"按钮,如图 3-5-3 所示。

图 3-5-2 选择导入方式

图 3-5-3 选择导入源文件夹

⑦ 在"从数字媒体导入"对话框中勾选素材预览图,确认导入的素材。

⑧ 选择完毕,单击"开始导入"按钮,如图3-5-4所示。

⑨ 单击"导入设置"对话框中"捕获到素材库"下拉列表旁的"添加新文件夹"按钮。

⑩ 在"添加新文件夹"对话框的"文件夹名称"文本框中输入"科技短片"。

⑪ 单击"确定"按钮,建立新的素材库,如图3-5-5所示。

⑫ 单击"导入设置"对话框中"确定"按钮,导入素材。

图 3-5-4　选择素材

图 3-5-5　创建素材库

2. 剪辑素材

① 单击"编辑"按钮,进入"编辑"模式。

② 单击"科技短片"素材库,选择素材库。

③ 双击需要编辑的素材文件缩略图,如图3-5-6所示。

④ 拖曳"单素材修整"对话框中"擦洗器"至裁剪的起点。

⑤ 单击"开始标记"按钮,确定开始标记。

⑥ 使用④～⑤步的方法,确定结束标记。

⑦ 单击"确定"按钮,裁剪素材,如图3-5-7所示。

🔊 小提示:单击"确定"按钮,打开视频监视器,单击"播放"按钮预览修整效果。在视频监视器也可对素材进行修整。

图 3-5-6　选择素材　　　　　　图 3-5-7　修整素材

拓展提示

1. 了解视频捕获途径

在"会声会影"软件中,可以从多种途径捕获视频素材,例如,从数字磁带播放机、DV 摄像机和数字存储设备等途径获取视频。操作时,启动"会声会影"软件,根据不同的视频存储介质或位置,选择相应的获取途径选项,如图 3-5-8 所示,经过简单的操作,即可完成。

图 3-5-8　捕获选项列表

（1）捕获视频。"捕获视频"选项可以从视频播（录）硬件设备（如视频播录机）捕获视频信息,将模拟视频信号转换为数字视频信号,并以视频文件格式存储在计算机中。从视频磁带播录机捕获视频时,一般都需要在计算机中安装视频非线性编辑卡,让视频录播硬件设备与视频非线性编辑卡连接,成为计算机的输入（输出）设备,并能使用软件（如会声会影）控制视频播放设备的输入(录制)与输出(播放)操作。

在"会声会影"软件中,单击"捕获视频"选项,打开"捕获"对话框,检测视频播放设备,如图3-5-9所示。若播放设备与计算机连接正常,即可使用视频监视窗口下的"播放""暂停"等按钮操纵播放设备,选择需要捕获的视频片段。确认需要捕获的片段时,单击"捕获视频"按钮,即可将磁带上的模拟视频信号转换为数字视频信号。

图 3-5-9 视频"捕获"面板

小提示:当软件检测到摄像机或计算机自带摄像头时,就会启动摄像机或计算机自带摄像头,单击"捕获视频"按钮,可以实时摄录,并存储到计算机中。

(2)DV 快速扫描。选择"DV 快速扫描"选项后,软件自动检测连接到计算机的 DV 磁带录像机,设置"扫描/捕获"相关选项和参数后,扫描 DV 磁带,然后单击"下一步"按钮,如图3-5-10所示,即可捕获视频。

图 3-5-10 扫描/捕获 DV 视频

(3)从数字媒体导入。选择"从数字媒体导入"选项,打开"从数字媒体导入"对话框,单击"选取'导入源文件夹'"按钮,打开数字视频存放的位置。数字视频可以存放在"视频光盘"、"存储器"(如硬盘、存储卡等)和"光盘摄像机"等。单击"起始"按钮,如图 3-5-3 所示,打开

"从数字媒体导入"对话框,选择需要导入的视频文件,即可实现导入操作。

（4）定格动画。选择"定格动画"选项,打开"定格动画"对话框,用户可以单击"创建"按钮,使用摄像机拍摄定格动画,单击"打开"按钮,打开已经创建的定格动画,单击"导入"按钮,导入图像文件新建定格动画,如图 3-5-11 所示。

（5）实时屏幕捕获。选择"实时屏幕捕获"选项,打开"实时屏幕捕获"对话框,单击"开始"按钮,激活录制屏幕动态,即鼠标移动及相关操作均被录制下来。单击"设置"下拉按钮,打开"设置"对话框,可以对"文件""音频"等选项进行设置,如图 3-5-12 所示。

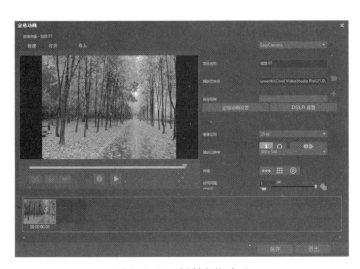

图 3-5-11 摄制定格动画　　　　　　　　　图 3-5-12 录制屏幕

2. 制作字幕

在编辑视频短片时,添加字幕是不可缺少的内容。"会声会影"提供了字幕制作功能和丰富的字幕模板供用户选择与使用,制作符合影片要求的字幕再也不是一件难事。操作时,单击"编辑"按钮,进入"编辑"模式,选择"字幕"选项卡,在"视频监视"窗口中可弹出字幕输入提示,如图 3-5-13 所示。双击"双击这里可以添加标题。"文本提示,即可输入字幕文本,如图 3-5-14 所示。

图 3-5-13 选择文本字幕选项

图 3-5-14 输入字幕文本

在文字编辑对话框中,根据实际需要,在相关选项设置栏中设置字幕文本的字体、字号、颜色、位置、边框及阴影,如图 3-5-15 所示。设置字幕文字后选择"属性"标签,选择"动画"和"应用"选项,在"应用"下拉列表框中选择动画类型,在动画预览列表框中选择合适的动画,如图3-5-16所示。设置完毕,返回"编辑"模式,单击"保存字幕文件"按钮或在"时间轴"上单击右键,选择"添加到收藏夹"命令,将字幕保存下来。

图 3-5-15 设置文本

小提示:"会声会影"软件提供了丰富的字幕模板,用户只需要双击字幕模板缩略图,如图 3-5-17 所示,打开模板,修改字幕模板中的文字即可使用。

3. 剪辑音频

在视频处理过程中,经常需要采取后期配音的方法给视频配音。因此,声音的剪辑也相当重要。剪辑音频时,选择"编辑"模式,打开"素材库"文件夹,单击"导入媒体文件"按钮,选择音频

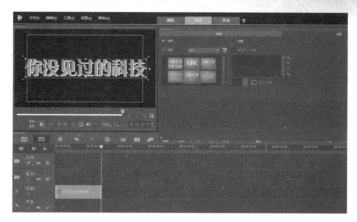

图 3-5-16 添加动画

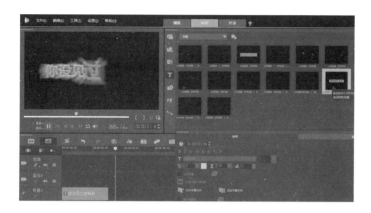

图 3-5-17 使用字幕模板

文件,将其导入到素材库,如图 3-5-18 所示。

图 3-5-18 导入音频

选择需要剪辑的音频缩略图,在音频监视器中播放音频文件,根据监听效果,移动"修整标记"滑块剪辑音频,如图 3-5-19 所示。单击"选项"按钮,展开"音乐和声音"设置对话框,在该对话框中,根据实际需要,可以精确地修改音频时长、设置淡入淡出等操作,如图 3-5-20 所示。单击"滤镜"按钮,可以对音频进行简单的效果处理,如图 3-5-21 所示。

图 3-5-19 裁剪音频

图 3-5-20 设置音频

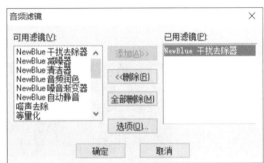

图 3-5-21 添加音频滤镜

4. 剪辑视频

选择素材库中的视频文件缩略图,在视频监视器中播放视频文件,根据监视效果,移动"修整标记"滑块剪辑视频,如图 3-5-22 所示。单击"选项"按钮,展开视频"编辑/校正/效果"选项,在"编辑"选项中可以设置视频、音频以及分割音频等多种操作,如图 3-5-23 所示。

图 3-5-22 裁剪视频

选择"校正"选项,可以对视频进行色彩校正和镜头校正。展开"色彩校正",可以对"白平衡""色调""饱和度""亮度"等进行设置,如图 3-5-24 所示,展开"镜头校正"选项,可以对"焦距""光心"等参数进行设置。

选择"效果"选项,单击"属性"按钮,展开"属性"对话框,设置相关选项,调整视频。选择

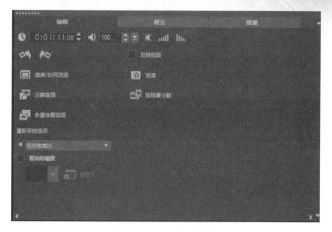

图 3-5-23 设置视频

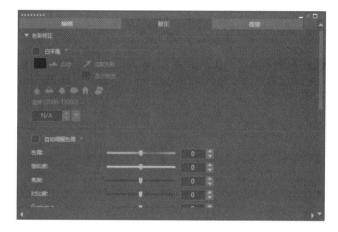

图 3-5-24 校正视频色彩

"变形素材"选项,在视频监视器中移动视频编辑点,变形视频,如图 3-5-25 所示。

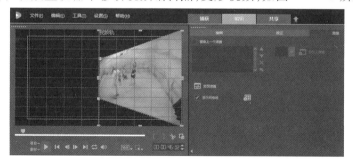

图 3-5-25 变形视频

实训操作

1. 从视频存储介质捕获(或添加)视频到"会声会影"的媒体素材库中,将获取的过程中记录在表 3-5-1 中。

表 3-5-1　视频获取记录

视频存储介质	□摄像机捕获　　□光盘(存储卡)　　□本地硬盘		
捕获(导入)格式		视频时长	

2. 根据实际需要剪辑视频素材,并与同学交流剪辑方法。

3. 尝试制作动画字幕,并展示给同学观看。

活动二　合成视频短片

活动描述

"万事俱备,只欠东风。"丁睿完成了视频素材的处理,接下来的工作就是合成视频短片。

活动分析

使用"会声会影"合成视频短片,只需要把素材库中的素材拖曳到时间轴上,有序地排放起来,犹如搭积木一样简单。

活动展开

1. 添加视频到时间轴

① 单击"素材库"中的视频文件。

② 拖曳视频缩略图到时间轴,添加视频素材到时间轴,如图 3-5-26 所示。

小提示:重复操作可以添加多个视频素材。

图 3-5-26　添加视频到时间轴

2. 添加转场效果

① 单击"转场"按钮,打开"效果"对话框。

② 选择合适的转场效果,拖曳转场效果缩略图到两段视频之间,如图 3-5-27 所示,添加转场效果。

小提示:在"转场"对话框中有近百种转场效果,用户可以根据视频编辑需要添加转场效果。

3. 添加字幕

① 单击"标题"按钮,打开字幕对话框。

② 拖曳事先制作的字幕缩略图到时间轴上的字幕轨道上,如图 3-5-28 所示。

小提示:若没预制字幕,也可以在视频监视器中直接添加。

图 3-5-27 添加转场效果

图 3-5-28 添加字幕

4. 添加音频

① 单击"媒体"按钮，打开"媒体"对话框。

② 拖曳事先剪辑的音频缩略图到时间轴上的音频轨上，如图 3-5-29 所示。

5. 导出视频

① 单击"共享"按钮，进入"共享"对话框。

② 单击"计算机"按钮，选择"MPEG-4"选项。

📢 小提示：按照视频播放设备或视频类别，可以选择"计算机""设备""网络""光盘""3D"等选项，打开对话框，选择视频格式。

③ 单击"开始"按钮，创建视频文件，如图 3-5-30 所示。

至此，视频的合成基本完成。

图 3-5-29 添加音频

图 3-5-30 导出视频

拓展提高

1. 了解即时项目

"即时项目"可以在同一个屏幕同时播放多个视频。操作时，选择"编辑"模式，单击"即时项目"按钮，打开"即时项目"对话框，如图 3-5-31 所示，双击"即时项目"模板，打开模板，添加视频（或图片）到对应序号图形框中，然后单击"确定"按钮，创建即时项目，如图 3-5-32 所示。

📢 小提示：使用"分割"工具，可以修改已有模板或者使用图形工具绘制新的形状。

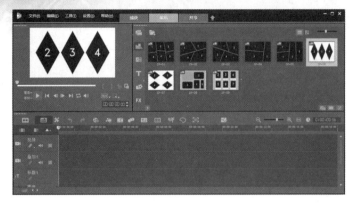

图 3-5-31 选择模板

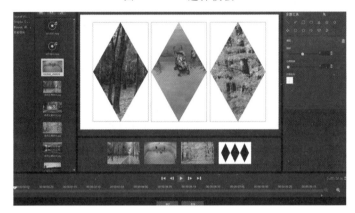

图 3-5-32 添加视频素材

2. 了解转场

"转场"是添加在两段视频之间的一种过渡效果。"会声会影"软件提供了上百种转场效果供用户选用。操作时,选择"编辑"模式,单击"转场"按钮,打开转场对话框,如图 3-5-33 所示。单击被选择的转场效果缩略图,拖曳到时间轴视频轨道两个视频素材之间,移动时间轴播放指针,即可预览转场效果。若要对转场效果进行修改,双击视频轨道上的"转场"效果缩略图,打开转场对话框,即可设置转场时间长短,如图 3-5-34 所示。

图 3-5-33 转场对话框

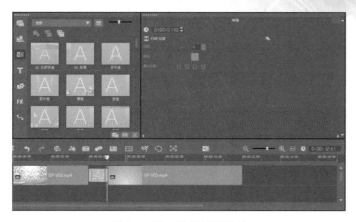

图 3-5-34 设置转场选项

3. 了解滤镜

"滤镜"是能够给视频画面添加一些特殊效果的工具。"会声会影"软件提供多种滤镜让用户选择。操作时,选择"编辑"模式,单击"滤镜"按钮,打开滤镜对话框,如图 3-5-35 所示。使用时,选择某个滤镜缩略图拖曳到时间轴视频轨道上的视频素材上,即给该视频素材添加滤镜效果。单击视频监视器可观看该滤镜的效果,如图 3-5-36 所示。

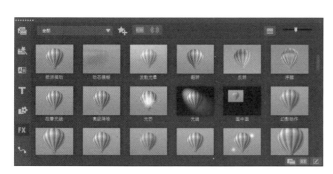

图 3-5-35 滤镜对话框

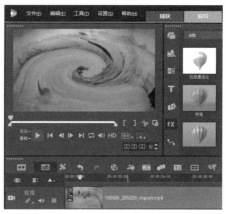

图 3-5-36 滤镜效果

双击时间轴上添加过滤镜的视频,展开滤镜"属性"对话框,在该对话框中可以添加或删除已经添加的滤镜,如图 3-5-37 所示。单击"自定义滤镜"按钮,打开所选择的滤镜对话框,改变相关设置,自定义滤镜,如图 3-5-38 所示。

小提示:给视频素材添加滤镜时,滤镜效果对整段时间素材起作用,也可以给一段视频素材添加多个滤镜。

4. 设置混音器

"会声会影"软件的"混音器"可以动态调整视频音频的播放效果。操作时,单击时间轴上的"混音器"按钮,打开"环绕混音"对话框,选择需要调整的轨道,拖曳音量滑块,调整该轨道上的音量,如图 3-5-39 所示。同时,还可以根据音响效果,移动"环绕"效果滑块,调整环绕效果,如图 3-5-40 所示。

图 3-5-37 设置滤镜属性

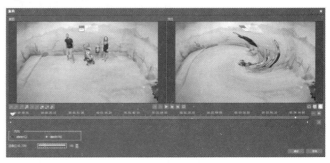

图 3-5-38 自定义滤镜

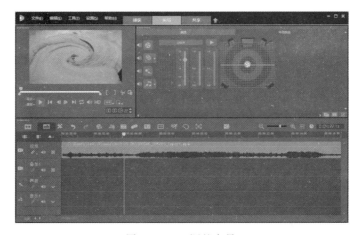

图 3-5-39 调整音量

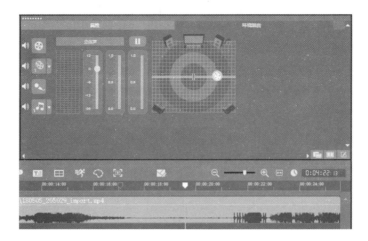

图 3-5-40 调整环绕效果

小提示："环绕混音"支持"视频轨""覆盖轨""声音轨"和"音乐轨"等轨道的音量和环绕调整,调整某轨道的音频时,就选择该轨道。

实训操作

1. 使用"会声会影"软件编辑一部视频短片,并与同学进行交流。

2. 尝试其他视频编辑软件,比较其优劣,并记录在表 3-5-2 中,并与同学进行交流。

表 3-5-2 评选"优秀"视频编辑软件

软件名称	性质	比较
	□共享 □免费 □其他	
	□共享 □免费 □其他	

任务评价

在完成本次任务的过程中,我们学会了使用软件编辑视频短片,请对照表 3-5-3,进行评价与总结。

表 3-5-3 评价与总结

评 价 指 标	评 价 结 果	备 注
1. 能够熟练地将视频素材导入素材库	□A □B □C □D	
2. 会使用软件处理视频素材	□A □B □C □D	
3. 能够根据需要添加转场效果	□A □B □C □D	
4. 能够积极主动展示学习成果,并帮助他人	□A □B □C □D	
5. 能够感受到工具软件给学习、生活带来的便捷	□A □B □C □D	

综合评价:

项目四　管理磁盘与文件

　　计算机是一种能够按照事先存储的程序,自动、高速地进行大量数值计算和各种信息处理的现代化智能电子设备。它由硬件和软件组成,两者是不可分割的。软件系统是由多个功能不同的文件组成有机的整体,存储在计算机的存储器中,在执行任务时,软件系统与硬件系统分工协作,实现智能化工作。

　　作为普通计算机用户,对计算机硬、软件系统进行合理、有效的管理与优化,能够提高计算机的工作效率。因此,借助相关的工具软件管理与优化个人计算机是每一位信息时代的公民应该具备的基本能力,也是提高工作效率的有效法宝。

　　在本项目中,我们将学会使用软件管理磁盘、优化计算机软硬件和管理文件。

 项目分解

├ 任务一　管理磁盘
├ 任务二　压缩与解压缩文件
├ 任务三　刻录光盘

任务一　管理磁盘

情景故事

　　张猛毕业于某中等职业技术学校计算机应用专业,凭借其过硬的计算机技术,进入一家计算机销售公司做售后服务工作。在售后服务工作中,做得最多的不是硬件维修,而是软件维护,特别是给客户重新安装操作系统和应用软件已成为他工作的主要内容。

　　为了减少重复的、低技术含量的劳动,他每次给客户维护系统后,都会将系统进行备份,若该计算机系统再次出现问题时,能通过通信手段协助客户及时地恢复操作系统,使其能尽快正常使用计算机。同时,他也会根据客户计算机的不同用途,适当地调整其磁盘的分区,使客户分门别类、合理有序地存储数据。因此,他上门服务时一定会带上备份、分区及相关的工具软件。

　　本任务中将使用"DiskGenius"和"一键GHOST硬盘版"软件管理磁盘。

任务目标

　　1.学会使用软件管理磁盘分区。

　　2.学会使用软件备份磁盘。

　　3.学会使用软件还原磁盘。

　　4.能够感受到工具软件给生活、学习和工作带来的便捷。

任务准备

　　1.了解磁盘与磁盘分区

　　磁盘是将一个类似磁带的圆形磁性盘片装置在一个方形的密封盒子里。计算机用磁盘存储操作系统、应用软件和应用过程中读取、存入的相关数据。

　　为了使用户更好地使用磁盘,需要对硬盘划分多个分区,分门别类地存放相关数据。一般来说,一块物理硬盘可以划分一个主分区和多个逻辑分区,每个分区分别会以C、D、E等大写字母作为盘符标识。常规情况下,硬盘的第一个分区是C,也就是主分区。操作系统一般都安装在该分区,逻辑分区主要用来存放文件。分区后,可以使用工具软件调整分区的大小或将多个分区合并成一个分区。

　　2.了解磁盘分区的格式

　　磁盘分区后,必须经过格式化才能够正常使用,格式化后常见的磁盘格式有:FAT16、FAT32、NTFS、Ext2、Ext3等格式。

　　(1)FAT16。FAT16是MS-DOS和早期的Windows操作系统中最常见的磁盘分区格式。它采用 16 位的文件分配表,能支持最大为 2 GB 的硬盘。FAT16 分区格式的最大缺点就是磁盘利用效率低。因为在 DOS 和 Windows 系统中,磁盘文件的分配是以簇为单位的,一个簇只分配给一个文件使用,不管这个文件占用整个簇容量的多少。这样,即使一个文件很小,它也要占用一个簇,剩余的空间便全部闲置,形成了磁盘空间的浪费。由于分区表容量的限制,FAT16 支持的分区越大,磁盘上每个簇的容量也越大,造成的浪费也越大,现在的操作系统基本不用该分区格式。

（2）FAT32。FAT32 格式采用 32 位的文件分配表,对磁盘的管理能力大大增强,突破了 FAT16 对每一个分区容量的限制。其最大的优点是在一个不超过 8 GB 的分区中,FAT32 分区格式的每个簇容量都固定为 4 KB,大大减少了磁盘空间的浪费,提高了磁盘利用率。从 Windows 97 到 Windows XP 等操作系统都支持这种分区格式。

（3）NTFS。NTFS 分区格式的优点是安全性和稳定性比较好,在使用过程中不易产生文件碎片。它能对用户的操作进行记录,对用户权限进行非常严格的限制,使每个用户只能按照系统赋予的权限进行操作,充分保护了系统与数据的安全。Windows NT、Windows 2000、Windows XP 直至 Windows Vista 及 Windows 10 都支持这种分区格式。

（4）Ext2、Ext3。Ext2、Ext3 是 Linux 操作系统适用的磁盘格式,Linux Ext2/Ext3 文件系统使用索引节点来记录文件信息,作用类似 Windows 的文件分配表。索引节点是一个结构,它包含一个文件的长度、创建及修改时间、权限、所属关系、磁盘中的位置等信息。Linux 默认情况下使用的文件系统为 Ext2,以稳定著称。但是,Ext2 文件系统是非日志文件系统,在关键行业的应用是一个致命的弱点。而 Ext3 文件系统是直接从 Ext2 文件系统发展而来,目前 Ext3 文件系统已经非常稳定、可靠,也可以平滑地过渡到一个日志功能健全的文件系统中。

3．了解磁盘备份与还原

磁盘备份就是将磁盘分区中的文件或文件夹（多个文件夹）以一种压缩方法缩小成一个文件包存储起来,当原文件受到破坏时,将备份文件包恢复到原来的状态,提高了文件遇到病毒攻击、错误删除和硬件故障等抗风险能力。一般文件备份可以采取复制到不同的物理存储器或分区,而系统的备份则需要借助工具软件才可以完成。

4．获取 DiskGenius 软件

DiskGenius 是一款硬盘分区及数据恢复的软件。该软件具有对硬盘进行重新分区、格式化分区、复制分区、移动分区、隐藏/重现分区、从任意分区引导系统、转换分区结构属性（如 FAT32 转换 NTFS）等功能,受到用户青睐。

用户可以在 DiskGenius 官网获取该软件,然后根据安装提示,完成软件的安装。启动软件,其操作界面如图 4-1-1 所示。但是,使用 DiskGenius 调整分区是一项比较危险的操作,任何小的失误都可能造成巨大的损失。因此,在分区前备份硬盘上的重要数据十分必要。

5．获取"一键 GHOST"软件

"一键 GHOST"软件是 Symantec 公司出品的一款备份和还原操作的工具软件。使用"一键 GHOST"软件可以轻松地备份与还原操作系统。用户可在"DOS 之家"下载"一键 GHOST 硬盘版"最新版本,然后根据安装提示,完成软件的安装。启动软件,其操作界面如图 4-1-2 所示。使用"一键 GHOST"备份系统时应该注意以下事项：

在备份系统时,单个的备份文件不要超过 2 GB,将一些无用的文件删除以减少 GHOST 文件的体积,整理目标盘和源盘,以加快备份速度。在恢复系统前,检查目标盘和源盘,纠正磁盘错误。

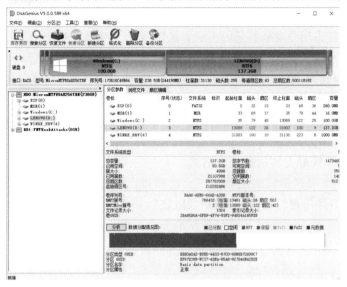

图 4-1-1　DiskGenius 软件界面

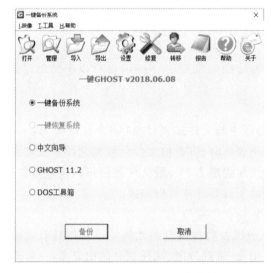

图 4-1-2　"一键 GHOST"软件界面

🐦 **任务设计**

活动一　调整磁盘分区

📅 **活动描述**

张猛接到一客户要求上门服务的电话,说其计算机运行特别慢,系统经常提示"C 盘空间不足"的提示,要求张猛帮忙解决。

活动分析

提示操作系统空间不足,一般来说是磁盘主分区过小或该用户安装应用软件过多,操作系统运行的基本磁盘空间不够而出现的问题。解决这类问题,就是扩大主分区空间、卸载不常用的软件。而该用户的 C 盘(主分区)只有 10 GB,分区过小,在不损坏操作系统和存储文件的前提下,使用 DiskGenius 软件合并后重新分割分区可以解决该问题。

活动展开

1. 调整分区容量

① 启动 DiskGenius 软件,进入软件操作界面。

② 选择计划调整的分区。

③ 在工具栏单击"新建分区"按钮,如图4-1-3 所示,打开"调整分区容量"对话框。

④ 在"分区后部的空间"文本框中输入参数值,如"300.00MB",设置新建分区大小。

⑤ 选择"建立新分区"选项。

⑥ 单击"开始"按钮,如图 4-1-4 所示。

⑦ 弹出警告提示框,单击"是"按钮,开始建立新分区。

🔊 小提示:从现有分区中调整一个新分区时,需要防范丢失数据。

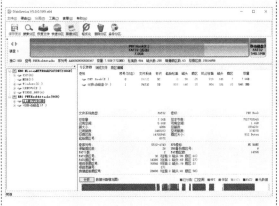

图 4-1-3 新建分区

图 4-1-4 选择磁盘

2. 格式化分区

① 选择需要格式化的分区。

② 单击右键,选择"格式化当前分区"命令,如图 4-1-5 所示。

③ 在"文件系统"下拉列表框中选择"FAT32"作为分区格式。

④ 在"卷标"文本框中输入分区名称,如"移动 A"。

⑤ 设置其他选项,单击"格式化"按钮,如图4-1-6 所示,开始格式化分区。

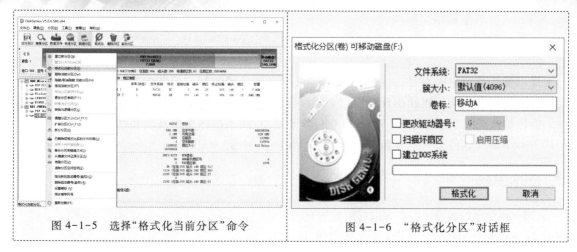

图 4-1-5 选择"格式化当前分区"命令　　　图 4-1-6 "格式化分区"对话框

拓展提高

1. 了解分区操作

DiskGenius 具有创建分区、删除分区、格式化分区、无损调整分区、隐藏分区、分配盘符或删除盘符等功能,用户可以根据需要使用相关功能。

（1）快速分区。用户可以使用"快速分区"功能对整个磁盘进行快速分区。操作时,选择该磁盘物理设备,单击工具栏上的"快速分区"按钮,如图 4-1-7 所示,在"快速分区"对话框中设置分区数目、分区大小等参数,单击"确定"按钮,建立分区,如图 4-1-8 所示。

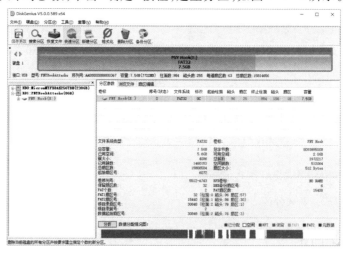

图 4-1-7 选择快速分区

📢 小提示:磁盘分区有三种类型,它们是"主分区""扩展分区"和"逻辑分区"。主分区是指直接建立在硬盘上、一般用于安装及启动操作系统的分区。由于分区表的限制,一个硬盘上最多只能建立 4 个主分区或 3 个主分区和 1 个扩展分区。扩展分区是指专门用于包含逻辑分区的一种特殊主分区,在扩展分区内建立若干个逻辑分区。逻辑分区是建立于扩展分区内部的分区,没有数量限制。

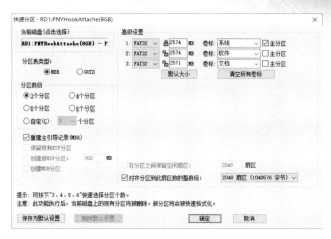

图 4-1-8　设置快速分区选项

（2）新建分区。新建分区一般包括在已建的分区上再新建分区和在空闲区域建立新分区两种。在已建分区上建立新的分区时,选择已建分区,单击工具栏上的"建立分区"按钮,弹出"调整分区容量"对话框,如图 4-1-9 所示,在该对话框的"分区后部的空间"输入空间值,选择"建立新分区"选项,单击"开始"按钮,建立新的分区,如图 4-1-10 所示。

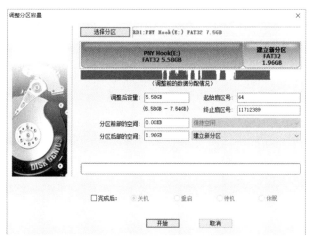

图 4-1-9　调整分区容量

小提示:新的分区建立后并不会立即保存到硬盘,需要执行"保存分区表"命令后才能在"我的电脑"中看到新分区,目的是为了防止因误操作造成数据破坏。要使用新建立的分区,还需要在保存分区表后对其进行格式化。

在空闲区域建立新分区时,选择空闲区域,单击工具栏上的"建立分区"按钮,如图 4-1-11 所示。打开"建立新分区"对话框,如图 4-1-12 所示,设置相关选项和参数,单击"确定"按钮,建立新分区。

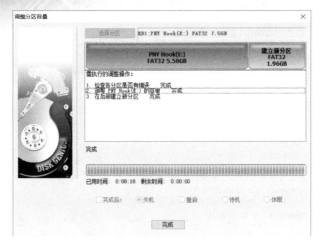

图 4-1-10　完成建立新分区

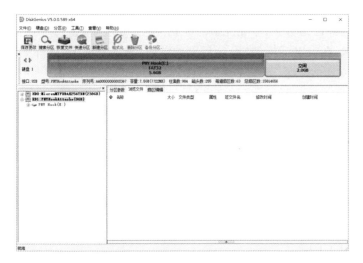

图 4-1-11　单击"建立分区"按钮

图 4-1-12　"建立新分区"对话框

2. 格式化分区

格式化磁盘分区有两种情况：一是对磁盘分区后，需要对分区进行格式化后才能存储数据；二是对现有磁盘分区的内容进行彻底清除，也可以采取格式化操作。DiskGenius 软件提供了格式化分区的功能，操作时，对于重新分区后的磁盘分区，首先选择需要格式化的分区，选择"硬盘"→"保存分区表"命令，如图 4-1-13 所示，根据提示操作即可完成格式化操作；为了清除磁盘分区中的数据，选择该磁盘分区，单击工具栏上的"格式化"按钮，打开"格式化分区"对话框，设置相关选项和输入"卷标"等信息，单击"格式化"按钮，即可格式化硬盘，如图 4-1-14 所示。

3. 分配空闲空间

当新建磁盘分区并处于空闲状态时，用户可以将其分配给其他分区。操作时，选择空闲分区，单击右键，选择"将空闲空间分配给"命令，如图 4-1-15 所示，打开"调整分区容量"对话框，单击"确定"按钮，开始调整分区容量，如图 4-1-16 所示。

图 4-1-13　选择"保存分区表"命令

图 4-1-14　格式化分区

图 4-1-15　选择命令

图 4-1-16　调整分区容量

实训操作

1. 使用 DiskGenius 软件,创建新的分区。
2. 使用 DiskGenius 软件,调整磁盘分区大小。

活动二　备份还原系统

活动描述

张猛每次给客户维护计算机操作系统后,都会将其进行备份。当该计算机再次出现问题,只需简单的还原即可恢复正常。

活动分析

使用"一键 GHOST"软件就能实现磁盘的备份与还原操作。在操作的过程中,只需要选择相关选项,即可在短时间内完成任务。

活动展开

1. 备份操作系统

① 用户正确安装"一键 GHOST"软件后,启动该软件,打开"一键 GHOST"操作界面,如图 4-1-17 所示。

② 选择"一键备份系统"单选按钮,单击"备份"按钮,重新启动计算机。

📢 小提示:在"一键 GHOST"操作界面中有备份、恢复、中文向导等多个选项,用户根据操作要求选择相关选项,进行操作。

③ 重新启动计算机。

④ 选择 GHOST 启动选项,如图 4-1-18 所示。

📢 小提示:选择"一键 GHOST"启动选项后,重启计算机,进入 DOS 菜单,根据提示,选择操作选项,即可打开一键 GHOST 操作界面。

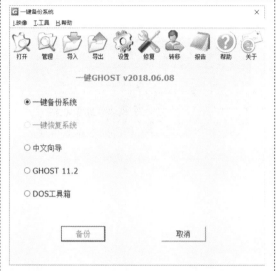

图 4-1-17　"一键 GHOST"操作界面

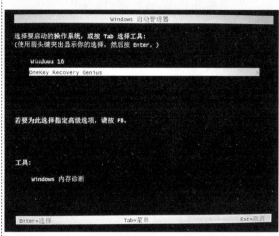

图 4-1-18　选择启动选项

⑤ 在"一键备份系统"对话框中单击"备份"按钮,如图 4-1-19 所示,开始备份。

⑥ 打开 GHOST 备份系统操作界面,软件进行自动备份,如图 4-1-20 所示。

📢 小提示:在备份的过程中,不要关闭计算机电源,否则不能备份成功。

图 4-1-19　"一键备份系统"对话框

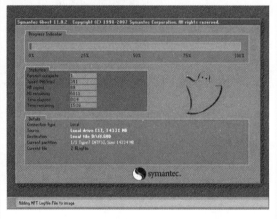

图 4-1-20　GHOST 备份系统操作界面

2. 还原操作系统

① 启动计算机,选择"一键 GHOST"启动选项,进入"一键恢复系统"对话框,如图 4-1-21 所示。

② 单击"恢复"按钮,即进入打开"一键 GHOST"操作界面,进行自动恢复。

小提示:恢复系统与备份系统的过程略有区别,根据提示即可完成。在备份的过程中,不要关闭计算机,否则,不但不能完成恢复操作,原有系统也会被破坏。

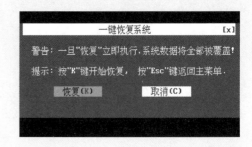

图 4-1-21　"一键恢复系统"对话框

 拓展提高

1. 了解启动选项

在"一键 GHOST"操作界面中提供了"一键备份系统""一键恢复系统""中文向导""GHOST 11.2"和"DOS 工具箱"这 5 种启动模式,用户可以根据实际情况选择,重新启动计算机,进入相关操作模式即可操作。

(1) 中文向导。用户选择"中文向导"单选按钮,重新启动计算机,进入"中文向导"界面,如图 4-1-22 所示,在此用户可根据向导选项进行备份、恢复、分区等操作。

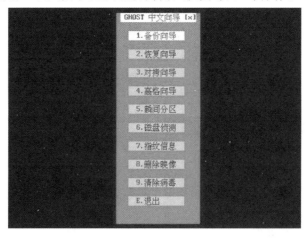

图 4-1-22　"中文向导"界面

(2) GHOST 11.2。用户选择"GHOST 11.2"单选按钮,重新启动计算机,进入"一键 GHOST"操作界面,在此用户可进行备份、恢复等操作,如图 4-1-23 所示。

小提示:"一键备份系统""一键恢复系统"在前面已经介绍,"DOS 工具箱"启动模式使用较少,在此不再赘述。

2. 了解设置

在"一键 GHOST"操作界面中,单击"设置"按钮,打开"一键 GHOST 设置"对话框,如图

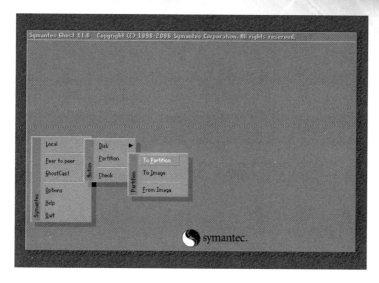

图 4-1-23　GHOST 软件操作界面

4-1-24所示,在该对话框中可对"方案""密码""引导"等选项卡进行设置。

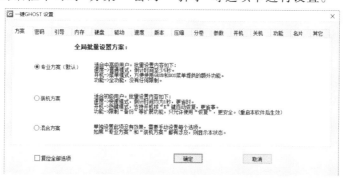

图 4-1-24　"一键 GHOST 设置"对话框

（1）方案。在"方案"选项卡中,用户可以根据使用本软件的熟悉程度选择"专业方案（默认）""装机方案"或"混合方案"。初次使用本软件的用户,建议使用"装机方案"。

（2）密码。设置密码是为了防止他人误操作恢复或重新备份计算机操作。软件默认的是无密码,第一次设置密码时,直接在"新密码"文本框中输入密码,单击"确定"按钮,完成密码设置,如图 4-1-25 所示。

（3）引导。用户可以根据计算机状态,在"引导"选项卡中选择引导模式,如图 4-1-26 所示。在"引导"选项卡中,设置了引导模式,在备份或恢复过程中就会减少故障。

（4）压缩。在"压缩"选项卡中,用户可以选择备份系统文件的压缩率,其优、缺点也表述得十分清晰,用户根据自己计算机的实际情况选择不同的压缩率,如图 4-1-27 所示。

🔊 小提示:在"一键 GHOST 设置"对话框中还有多个选项,用户可以根据实际情况进行设置,在此不再赘述。

3.了解修复

当"一键 GHOST"软件出现故障时,用户可以使用"修复"工具进行修复。操作时,单击标准

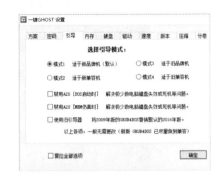

图 4-1-25 "密码"选项卡   图 4-1-26 "引导"选项卡

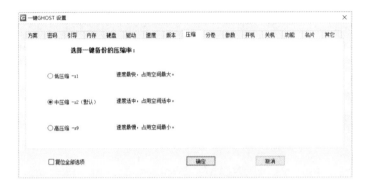

图 4-1-27 "压缩"选项卡

工具栏中的"修复"按钮,打开"一键 GHOST 修复程序"对话框,如图 4-1-28 所示,对照出现的故障确定是否修复。

4. 了解其他功能

"一键 GHOST"软件还有"打开"、"保护"、"管理"、"导入"、"导出"、"移动"、"删除"等功能,如图 4-1-29 所示。

图 4-1-28

图 4-1-29

（1）打开。如果默认映像文件存在，则用 GHOSTEXP 打开它以用于编辑 GHO 文件，例如：添加、删除、提取 GHO 里的文件；如果默认映像文件不存在，则直接打开 GHOSTEXP。

（2）保护。去除或添加防删属性（仅最后分区为 NTFS 时有效），如单击"是"按钮即可永久性地解除保护，以便于直接"管理"（限管理员使用）。

（3）管理。在资源管理器中直接对默认 GHO 文件进行直接操作，如手动导入、导出、移动或删除等操作（限管理员使用）。

（4）导入。将外来的 GHO 复制或移动到"～1"文件夹中，一般用于免刻录安装系统，如将下载的通用 GHO 文件或同型号其他电脑的 GHO 文件复制到"～1"文件夹中（文件名必须改为 c_pan.gho）。

（5）导出。将一键映像文件复制（另存）到其他地方，如将本机的 GHO 文件复制到 U 盘等移动设备，为其他同型号计算机"导入"所用，以达到共享的目的。

（6）移动。将一键映像文件移动到其他地方，如再次一键备份时不想覆盖原来的 GHO，可将前一次的 GHO 转移到其他位置。

（7）删除。将一键映像文件删除（"～1"文件夹不会被删除），一般不常用。

 实训操作

1. 尝试使用"一键 GHOST"备份、恢复系统。

2. 尝试设置"一键 GHOST"中的"设置"选项，重新启动计算机，看看有什么变化？说给同学或老师听听。

任务评价

在完成本次任务的过程中，我们学会了使用工具软件管理磁盘、备份和还原磁盘，请对照表4-1-1，进行评价与总结。

表 4-1-1　评价与总结

评价指标	评价结果				备注
1. 学会使用工具软件管理磁盘	□A	□B	□C	□D	
2. 学会使用工具软件备份磁盘	□A	□B	□C	□D	
3. 学会使用工具软件还原磁盘	□A	□B	□C	□D	
4. 能够积极主动展示学习成果，并帮助他人	□A	□B	□C	□D	
5. 能够感受到工具软件给生活、学习和工作带来的便捷	□A	□B	□C	□D	
综合评价：					

任务二 压缩与解压缩文件

 情景故事

小杰毕业于某市中等职业学校信息技术专业。他擅长平面设计,在某大型平面广告设计公司工作。

他除了设计与创作平面作品以外,还经常与客户沟通、交流,比如给客户看设计样品、接收客户提供的创作素材……

看到一件件作品得到客户高度认可后,他心里很高兴,但是,他也有苦恼的时候——有时需要将上百个素材文件通过 QQ 直接发送给客户,如果逐一发送文件会非常烦琐。于是,他想出了一个解决的办法——使用压缩软件将文件打包,这样能大大提高工作效率。

本项目将使用 WinRAR 软件建立压缩文件,并且可以解压压缩文件。

 任务目标

1. 能够熟练使用 WinRAR 软件压缩与解压缩文件。

2. 能够使用 WinRAR 软件建立普通压缩包、自解压压缩包、分卷压缩包、设置密码压缩包文件和解压压缩包文件。

3. 能够尝试多种软件进行压缩与解压缩文件的操作。

4. 能够感受到压缩软件给人们生活、学习和工作带来的便捷。

 任务准备

1. 了解压缩文件

压缩文件就是经过压缩软件压缩的文件,压缩的原理是通过某种特殊的编码方式将数据信息中存在的重复度、冗余度有效地降低,从而达到数据压缩的目的。例如,一个二进制文件的内容是 11100000000…000001111(中间有 10000 个零),如果要完全写出,会很长,但如果写"111 一万个零 1111"来描述它,也能得到同样的信息,但却只有十一个字,这样就减小了文件体积。在具体的文件压缩过程中,压缩文件是根据一定的数学算法,权衡把哪段字节用一个特定的更小字节来代替,实现数据最大程度地无损压缩,从而减少该文件的空间。

2. 认识 WinRAR 软件

WinRAR 软件是一款压缩率高、功能比较强大的压缩文件管理器,它提供了对 RAR 和 ZIP 文件的完整支持,能够解压 L7Z、ACE、ARJ、BZ2 、CAB、GZ、ISO、JAR、LZH、TAR、UUE、Z 等格式文件。同时,WinRAR 软件还有强力压缩、分卷、加密、自解压等功能。用户可以在 WinRAR 软件官网(http://www.

winrar.com.cn）下载个人免费版,然后根据安装提示,将 WinRAR 软件安装到计算机中。

　　启动 WinRAR,进入其操作界面,如图 4-2-1 所示,其界面主要包括标题栏、菜单栏、工具栏、文件列表框和状态,用文件列表框管理文件夹及文件的方法与 Windows 操作系统中的资源管理器类似,双击就可以进入一个文件夹。

图 4-2-1　WinRAR 界面

任务设计

活动一　建立压缩文件

活动描述

　　要学会建立压缩文件,必须先选择文件压缩工具软件,然后使用压缩工具软件建立压缩文件。

活动分析

　　WinRAR 是计算机用户使用最多的压缩软件之一,其压缩率高,提供了 RAR 和 ZIP 文件的完整支持,建立压缩文件的操作方法十分简单,完成本任务难度非常小。

活动展开

建立压缩文件

　　① 启动 WinRAR,进入操作界面。

　　② 选择需要压缩的文件或文件夹,如图 4-2-2 所示。

　　小提示:选择文件时,可以按住 Ctrl 键挑选文件,也可按 Ctrl+A 键全选文件。

　　③ 单击工具栏中的"添加"按钮,打开"压缩文件名和参数"对话框,如图 4-2-3 所示。

　　④ 在"压缩文件名"文本框中输入"图片.rar",命名压缩文件。

　　⑤ 单击"确定"按钮,压缩文件。

　　小提示:当被压缩的文件比较大或文件数比较多时,需要较长的时间,这时可以在"正在创建压缩文件"对话框中选择"后台"压缩。

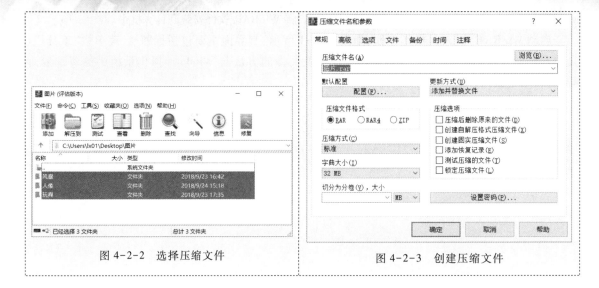

图 4-2-2 选择压缩文件　　　　图 4-2-3 创建压缩文件

拓展提高

1. 快捷建立压缩文件

打开 Windows 资源管理器或"我的电脑",找到需要压缩文件或文件夹所在位置,选择需要压缩的文件或文件夹,单击右键,在弹出的右键菜单中选择"添加到压缩文件"命令,如图 4-2-4 所示,即可打开"压缩文件名与参数"对话框,如图 4-2-3 所示,接下来的操作方法与前面的压缩方法相同。

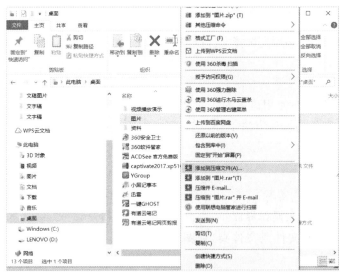

图 4-2-4 快捷压缩文件

小提示:若在右键菜单中选择"添加到'图片.rar'"命令,即出现"正在创建压缩文件"对话框,可直接压缩文件;若选择"压缩并 E-mail..."命令,即出现"压缩文件名与参数"对话框,压缩完毕后,会自动启动邮箱发送软件,将压缩文件以邮件附件的形式添加到"写邮件"对话框中;若选择"压缩到'图片.rar'并E-mail"命令,会直接压缩文件并启动邮件发送软件。

2. 了解常规参数设置

在"压缩文件名与参数"对话框中,有"常规""高级""选项""文件"等多个选项卡,我们需要经常设置的参数都在"常规"选项卡中,压缩文件时,设置相关参数即可设置压缩文件。

(1)压缩文件名。单击"浏览"按钮,可以选择生成的压缩文件保存在磁盘上的具体位置,在"压缩文件名"文件本框中输入文件名即可生成压缩文件名称。

(2)配置。单击"配置"按钮,弹出下拉列表,如图4-2-5所示,我们可以根据不同的压缩要求,选择不同压缩模式,软件会根据不同的模式提供不同的配置方式。一般选用"默认配置"。

(3)压缩文件格式。压缩文件有RAR、RAR4和ZIP三种可选文件格式。压缩文件时,根据需要选择合适的文件格式即可。

(4)更新方式。这是关于文件更新的设置,一般用于以前压缩过的文件,重新压缩时,可以在"更新方式"下拉列表框中选择合适的更新方式,如图4-2-6所示。

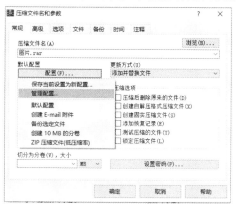

图4-2-5 配置压缩文件

图4-2-6 设置文件更新方式

(5)压缩选项。压缩选项组中有多个选项可供选择,最常用的是"压缩后删除原来的文件"和"创建自解压格式压缩文件"。前者是在建立压缩文件后删除原来的文件,后者是创建一个EXE可执行文件,如图4-2-7所示,解压缩时,可以脱离WinRAR软件自行解压缩。

(6)压缩方式。压缩方式中的选项是对压缩速度快慢的设置,如图4-2-8所示,压缩速度越快,压缩率越低。

(7)字典大小。字典大小是处理数据时用于查找和压缩重复数据模式所使用的内存区域的大小。较大的数值可以提高压缩率,如图4-2-9所示,但会降低压缩速度,一般设置为32 MB或64 MB即可。

(8)切分为分卷,大小。当压缩后的大文件需要分割为若干个小文件时,就要单击"切分为分卷,大小"下拉列表框,根据压缩的需要选择压缩包分卷的大小,如图4-2-10所示。

(9)密码设置。根据对压缩后的文件是否有保密的要求可设置密码。给压缩文件设置密码时,单击"设置密码"按钮,如图4-2-11所示。在弹出的"输入密码"对话框中完成密码设置,单击"确定"按钮即可,如图4-2-12所示。已设置密码的压缩文件,在解压缩时,需要输入正确的密码才能打开。

图 4-2-7　设置压缩选项

图 4-2-8　设置压缩方式

图 4-2-9　设置字典大小

图 4-2-10　设置分卷大小

图 4-2-11　单击"设置密码"按钮

图 4-2-12　设置密码

实训操作

1. 通过网络或其他途径，收集 2～3 个图形图像文件并存放到一个文件中，然后使用

WinRAR 软件将该文件压缩,并将操作结果记录在表 4-2-1 中,然后与同学进行交流。

表 4-2-1 压缩文件操作记录表

图像文件夹名称	图像文件大小/MB	压缩文件名称	压缩文件大小/MB

2. 收集多张图片文件并建立一个文件夹,然后选择 WinRAR 软件中不同的压缩方式建立压缩文件,将压缩的结果记录在表 4-2-2 中,并与同学们交流。

表 4-2-2 压缩方式比较表

文件夹大小/MB	压缩方式					
	存储	最快	较快	标准	较好	最好

3. 建立一个带密码的自解压格式压缩文件,将你的操作过程简要地说给同学听。

活动二　修改压缩文件

活动描述

每当小杰遇到客户反映压缩文件不能正常解压或压缩文件包中缺少某个文件等问题时,都需要重新在压缩文件中添加文件,并对压缩文件进行测试等操作。

活动分析

添加其他文件到压缩文件中、测试压缩文件是否能够正常解压缩等操作都非常简单,在 WinRAR 软件操作界面中使用相关的命令即可轻松完成。

活动展开

1. 添加文件到压缩文件中

① 启动 WinRAR,进入操作界面。

② 打开需要添加到压缩文件中文件所在的文件夹。

③ 选择文件,单击右键,选择"添加文件到压缩文件中"命令,如图 4-2-13 所示。

④ 单击"压缩文件名和参数"对话框中的"浏览"按钮。

⑤ 在"查找压缩文件"对话框中选择要添加的压缩文件。

⑥ 返回"压缩文件名和参数"对话框,单击"确定"按钮,如图 4-2-14 所示,完成添加文件到压缩文件中的操作。

小提示:添加文件到压缩文件中还可以采取直接拖曳的方法,即在 Windows 操作系统的文件夹中,选择要添加的文件,按住鼠标左键不松,拖曳到压缩文件图标即可完成添加操作。

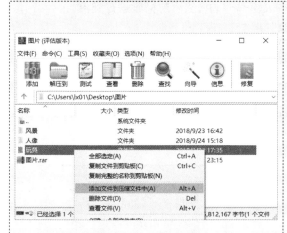

图 4-2-13　添加文件

图 4-2-14　选择压缩文件

2. 测试压缩文件

① 启动 WinRAR,进入操作界面。

② 选择文件夹中的压缩文件。

③ 单击工具栏中的"测试"按钮,检测压缩文件状态是否正常,如图 4-2-15 所示。

📢 小提示:在使用"测试"命令测试的过程中运行虚拟文件解压,但不会写入输出数据流。

图 4-2-15　测试压缩文件

拓展提高

1. 查看压缩文件

建立压缩文件后,即将所有文件都存放在一起,形成一个压缩文件包。该文件包内是否存放所有需要或不需要的文件,通过"查看"工具能一目了然。启动 WinRAR 软件,进入操作界面,打开压缩文件所在的文件夹,选择压缩文件,然后单击工具栏上"查看"按钮,即可查看压缩文件包中的所有文件,如图 4-2-16 所示。

📢 小提示:在压缩文件的"查看"对话框中,若想删除压缩文件包中的某个文件,选择某个文件后,单击

图 4-2-16　查看压缩文件

工具栏中的"删除"按钮或按 Delete 键,即可删除。

2.压缩文件转换为自解压缩文件格式

建立 RAR 格式压缩文件后,若需要修改为自解压缩文件。操作时,启动 WinRAR 软件,进入操作界面,打开压缩文件所在的文件夹,选择压缩文件,单击工具栏中的"工具"→"压缩文件转换为自解压格式"命令,如图 4-2-17 所示。进入"压缩文件图片.rar"对话框,单击"确定"按钮,如图4-2-18所示,即可实现转换。

图 4-2-17 选择菜单命令

图 4-2-18 转换压缩文件

实训操作

1.通过网络或其他途径,收集 5 个图形图像文件并存放到一个文件夹中。在 WinRAR 操作界面中,选择其中 4 个文件,建立一个 RAR 压缩文件,然后将剩下的 1 个文件添加到压缩文件中,将你的操作过程说给同学听听。

2.请将一个 RAR 格式的压缩文件转换为自解压格式的文件,简述其操作过程。

活动三 解压缩文件

活动描述

学会了建立、修改压缩文件之后,解压缩文件的操作虽然简单,但也不能马虎。

活动分析

通过前面两个活动的学习,我们熟悉了 WinRAR 软件操作,解压缩文件的操作就显得非常简单了。

活动展开

解压缩文件

① 启动 WinRAR 软件，进入操作界面。

② 进入需要解压缩文件所在的文件夹。

③ 选择需要解压缩的文件，单击工具栏中的"解压到"按钮，如图 4-2-19 所示。

④ 进入"解压路径和选项"对话框，如图 4-2-20 所示。

⑤ 若采用对话框中的默认设置，单击"确定"按钮，即可实现解压缩文件。

📣 小提示：在"解压路径和选项"对话框中的"常规""高级"选项卡中，我们可以根据需要设置其他选项，用户不妨也试试，看看有什么新的发现。

图 4-2-19　选择压缩文件

图 4-2-20　设置解压选项

拓展提高

1. 快速解压文件

打开 Windows 资源管理器或"我的电脑"，选择需要解压缩的文件，单击右键，在弹出的菜单中选择"解压文件"命令，如图 4-2-21 所示，打开"解压路径和选项"对话框，如图 4-2-22 所示，设置相关选项，单击"确定"按钮，即可解压缩文件。

📣 小提示：若在右键菜单中选择"解压到当前文件"命令，即出现"正在从图片.rar 中解压"对话框，直接解压文件到当前文件夹中；若选择"解压到图片\"命令，同样直接解压文件到创建的文件中。

2. 了解其他压缩与解压缩软件

压缩与解压缩软件比较多，除了常用的 WinRAR 外，还有"快压""360 压缩"等压缩软件。

（1）快压。"快压"（kuaizip）是一款免费、方便、快速的压缩和解压缩软件，拥有较好的压缩技术。"快压"的压缩格式 KZ 具有较大的压缩比和较快的压缩解压速度。同时，"快压"还兼容 RAR、ZIP 和 7Z 等 40 余种压缩文件格式。获取该软件可在其官方网站（http://www.kuaizip.com）下载，其操作界面如图 4-2-23 所示。

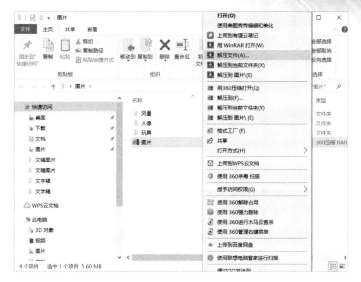

图 4-2-21　选择解压方式

图 4-2-22　设置解压选项

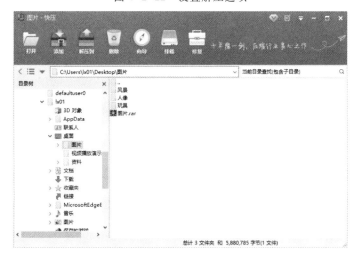

图 4-2-23　"快压"界面

（2）360压缩。"360压缩"是新一代的压缩软件。"360压缩"相比传统压缩软件更快、更轻巧，支持解压主流的 RAR、ZIP、7Z、ISO 等 40 多种压缩文件格式。"360压缩"内置云安全引擎，可以检测木马，安全性更高。获取该软件可在其官方网站（http://yasuo.360.cn）下载，其操作界面如图 4-2-24 所示。

图 4-2-24　"360压缩"界面

实训操作

1. 建立一个压缩文件，通过网络途径传给本班同学，并尝试解压缩文件。

2. 收集多个文件并存放到一个文件夹中（建议超过 10 MB），尝试用多种软件进行压缩，将操作过程记录在表 4-2-3 中，并与同学交流，评选"优秀"压缩软件。

表 4-2-3　评选"优秀"压缩软件

软件名称	文件夹大小/MB	压缩后的文件大小/MB	速度

任务评价

在完成本次任务的过程中，我们学会了使用 WinRAR 软件，请对照表 4-2-4，进行评价与总结。

表 4-2-4　评价与总结

评价指标	评价结果				备　注
1. 知道文件压缩的目的	□A	□B	□C	□D	
2. 能够熟练建立压缩文件	□A	□B	□C	□D	
3. 会修改压缩文件	□A	□B	□C	□D	

续表

评价指标	评价结果	备 注
4. 能够熟练解压缩文件	□A □B □C □D	
5. 能够尝试用多种(2种以上)压缩软件压缩文件	□A □B □C □D	
6. 能够积极主动展示学习成果,并帮助他人	□A □B □C □D	

综合评价:

任务三　刻　录　光　盘

 情景故事

　　四喜毕业于某中等职业技术学校计算机应用专业,由于其擅长图形图像、音视频编辑,被当地一家文化娱乐策划公司聘请为音像制作人员,主要工作就是负责活动影像的拍摄、编辑与制作。

　　每次活动结束后,公司都会为客户制作一套完整的光碟作为活动的纪念。一般来说,如果客户没特别的要求,四喜都会将拍摄的照片、视频分别刻录成数据光盘和 VCD 或 DVD 影视光盘各一份。数据光盘便于客户保存档案,而 VCD 或 DVD 影视光盘则便于客户使用光盘播放器直接播放。

　　本任务将使用 Ashampoo Burning Studio 软件刻录光盘。

 任务目标

　　1. 学会使用工具软件刻录数据光盘。
　　2. 学会使用工具软件刻录影视光盘。
　　3. 能够感受到工具软件给生活、学习和工作带来的便捷。

 任务准备

　　1. 了解光盘

　　随着科学技术的发展,人们经常使用的不同于磁性介质记录信息的光学存储介质,如 CD、DVD 盘片称为光盘。光盘是采用聚焦氢离子激光束处理记录介质的方法存储和再生信息,又称激光光盘。

　　我们常见的光盘有只读光盘和可写光盘两种,市场上出售的音乐、影视光盘,如 CD-Audio、

CD-Video、CD-ROM、DVD-Audio、DVD-Video、DVD-ROM 等属于只读光盘,而用户使用光盘刻录机刻录的光盘,如 CD-R、CD-RW、DVD-R、DVD+R、DVD+RW、DVD-RAM 等属于可写光盘。

2. 认识光盘基本结构

从光盘结构来看,主要分为 CD、DVD、BD 等几种类型。其主要结构原理基本一致,都具有基层、记录层、反射层、保护层和印刷层,如图 4-3-1 所示,而 DVD、BD 光盘除了具备以上基本结构外,还有其他相关的结构层。

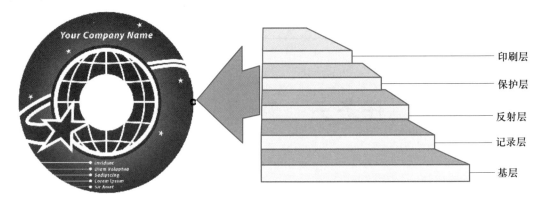

图 4-3-1 光盘的基本结构示意图

(1)基层。基层也称基片或基板。一般来说,基层是无色透明的聚碳酸酯板。

(2)记录层。记录层也称染料层,就是光盘记录信息的地方。

小提示:可以重复擦写 CD-RW 的记录层是一种碳性物质,当激光在刻录时,通过改变碳性物质的极性来实现重复擦写、记录信息。

(3)反射层。反射层是反射光驱激光光束的区域,借反射的激光光束读取光盘片中的信息。

(4)保护层。保护层是用来保护光盘中的反射层及染料层,以防止信号被物理损坏。

(5)印刷层。印刷层是印刷盘片标识、容量等相关信息的地方。

3. 了解光盘刻录

在刻录光盘时,可以像硬盘一样将数据存储到 CD、DVD 盘片上,也可将音频、视频文件分别制作成可以在光盘播放机中直接播放的音乐 CD 或 VCD、DVD。

常用的 CD 光盘可以存储约 650 MB 的数据文件或 74 min 的音乐,而 DVD 能刻录约 4.59 GB 的数据(因为 DVD 的 1 GB = 1 000 MB,而硬盘的 1 GB = 1 024 MB),蓝光光盘(BD)则比较大,单面单层可刻录约 25 GB,双面约 50 GB。

4. 获取刻录软件

Ashampoo Burning Studio 是一款由德国一家公司出品的光盘刻录软件。该软件无须任何插件可直接把 WAV、MP3、FLAC、WMA 和 Ogg Vorbis 文件刻录为音频 CD,将视频刻录为 DVD/VCD/SVCD,能够创建和刻录 CD/DVD 映像文件,支持可擦除 CD-RW、DVD+RW、DVD-RW 盘片和 225 个字符的 DVD 文件名和 64 个字符的 CD 文件名。

在极速下载网站可以下载获取 Ashampoo Burning Studio 软件,然后根据安装提示完成软件的安装后即可使用。该软件界面如图 4-3-2 所示。

图 4-3-2　Ashampoo 软件界面

任务设计

活动一　刻录数据光盘

活动描述

四喜给客户拍摄照片或录制 DV 后,都会将原文件刻录到光盘中,送给客户,便于客户作为素材保存。

活动分析

将计算机中的文件或文件夹刻录到光盘,与将文件的复制后粘贴到硬盘或 U 盘的操作类似。使用 Ashampoo 软件即可轻松完成任务。

活动展开

① 启动 Ashampoo 软件,进入软件操作界面。

② 单击"刻录数据"→"新建光盘"命令,如图4-3-3所示,选择刻录选项。

③ 打开刻录向导对话框。

④ 单击"添加"按钮,打开"刻录文件及文件夹"对话框。

⑤ 选择需要刻录的文件或文件夹。

⑥ 在"标签"文本框中输入文本,确定光盘标签,如图 4-3-4 所示。

⑦ 单击"下一步"按钮。

图 4-3-3　选择刻录选项

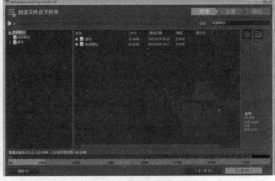

图 4-3-4　添加刻录数据

⑧ 将可写光盘放入刻录机中。

⑨ 软件检测光盘。

⑩ 单击"刻录"按钮,刻录光盘,如图 4-3-5 所示。

小提示:在"写入设置"栏中,用户可以更改刻录速度、复制人数等。建议用户除了修改复制份数外,其他设置按默认参数即可。

图 4-3-5　刻录光盘

拓展提高

1. 刻录其他数据光盘

文件数据可以像复制文件到硬盘中一样刻录到光盘中。根据需要,还可以将比较大的数据文件分卷刻录到多张光盘,即光盘分卷,也可以刻录自启动、加密光盘,还可以向可多次擦写的光盘更新内容。

(1)新建光盘+光盘分卷。当要把一个容量较大(一张光盘容量不够)且不能分割的文件或文件夹刻录到光盘中时,可以使用光盘分卷的方式完成。操作时,单击"刻录数据"→"新建光盘+光盘分卷"命令,打开"在多张光盘上保存文件和文件夹"对话框,如图 4-3-6 所示,添加需要刻录的文件,然后单击"下一步"按钮,即可以根据提示完成分卷刻录。

(2)新建光盘+自动启动。使用 Ashampoo 软件可以制作自动播放或交互菜单的数据光盘。操作时,单击"刻录数据"→"新建光盘+自动启动"命令,打开"刻录自动运行的文件和文件夹"对话框,软件自动添加自动播放模块程序,用户添加需要刻录的文件和文件夹,如图 4-3-7 所示。

小提示:刻录自动启动的光盘时,软件会自动添加自动播放的模块程序。在"添加刻录数据"对话框中,虽然用户没有添加任何刻录的数据,但其数据已经有 20.6 MB,即自动播放模块程序所占的空间。

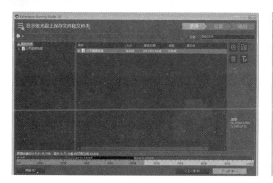

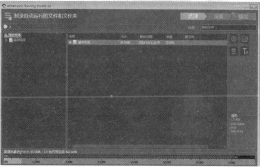

图 4-3-6 分卷刻录   图 4-3-7 自动启动

添加需要刻录的数据后,单击"下一步"按钮,打开选择自动运行模式对话框。在该对话框中可以选择光盘的自动播放模式,即"交互式菜单"或"自动播放"模式,如图 4-3-8 所示。

(3)交互式菜单。在选择自动运行模式对话框中选择"交互式菜单"单选按钮,单击"下一步"按钮,打开"开始页面"对话框,如图 4-3-9 所示。用户可以选择启动页面的模式(即"独立"或"基本浏览器"),输入产品标题,设置背景音乐和光盘的图标。设置完毕,单击"下一步"按钮,打开"定义启动画面外观"对话框,如图 4-3-10 所示。

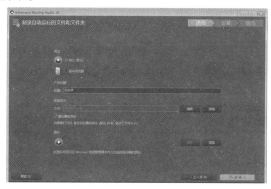

图 4-3-8 选择交互式菜单   图 4-3-9 设置相关选项

在"定义启动画面外观"对话框中,用户可以选择软件预置的启动界面,然后双击文本框,打开"文本编辑器"对话框,在该对话框中输入文本,设置字体、字号和颜色等,如图 4-3-11 所示。

图 4-3-10 "定义启动画面外观"对话框   图 4-3-11 "文本编辑器"对话框

🔊 小提示:在"定义启动画面外观"对话框中,用户还可以添加自制的图像文件,设置启动画面持续的时间等。

设置完毕,单击"下一步"按钮,打开"编辑页面"对话框,如图 4-3-12 所示。在该对话框中可以新建按钮、设置背景、新建图像、新建文本和新建形状等,还可以在"主题/布局""文件"等选项卡中设置交互页面。

双击页面中添加的按钮,打开"编辑按钮"对话框,如图 4-3-13 所示。在该对话框中可以输入按钮名称、设置动作选项等。设置完毕,播放可以刻录的光盘,单击"下一步"按钮,打开刻录对话框,即可刻录数据光盘。

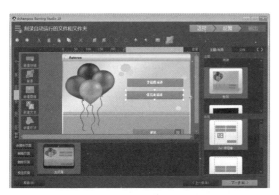

图 4-3-12　"编辑页面"对话框　　　　　图 4-3-13　"编辑按钮"对话框

🔊 小提示:"新建加密光盘""更新光盘"的操作方法比较简单,不再一一介绍。

2. 复制光盘

"复制光盘"可以将光盘中的内容整体刻录到新的光盘中。操作时,单击"复制光盘"命令,插入源光盘,软件检测源光盘的数据、介质等,如图 4-3-14 所示。检测通过后,单击"下一步"按钮,根据提示即可完成复制光盘的操作。

🔊 小提示:复制光盘时,计算机至少需要配置光驱和刻录机各 1 台,即光驱读取数据,刻录机刻录数据。

3. 光盘映像

光盘映像文件也叫光盘镜像文件,在刻录光盘时,可以将刻录的所有文件制作成一个映像文件,然后刻录到光盘中。映像文件在形式上只有一个文件,存储格式和大小都与光盘文件相同。常见的映像文件格式有 ISO、IMG、BIN、VCD、GHOST 等。使用"光盘映像"功能可以刻录、创建和读取映像文件。操作时,将源光盘插入到光驱中,单击"光盘映像"→"刻录映像"命令,打开"刻录光盘映像"对话框,如图 4-3-15 所示。单击"浏览"按钮,选择创建的映像文件,然后按照提示,完成刻录。

🔊 小提示:创建映像和读取映像等操作比较简单,在此不再一一介绍。

图 4-3-14 复制光盘

图 4-3-15 刻录光盘映像

4. 备份

Ashampoo 软件可以将文件以备份文件的格式备份到光盘（CD、DVD）中，还可以还原备份文件，同时还可以将外置设备中的文件进行备份，如移动硬盘、U 盘或其他存储设备。光操作时，单击"备份"→"备份文件"命令，如图 4-3-16 所示，打开"备份文件及文件夹"对话框，选择需要备份的文件、文件夹或磁盘分区，然后按照提示，完成操作，如图 4-3-17 所示。

图 4-3-16 选择备份选项

图 4-3-17 选择备份文件及文件夹

小提示：还原文件、备份外置设置、备份 U 盘等操作比较简单，根据提示即可完成操作。

实训操作

1. 使用 Ashampoo 软件，将准备的数据文件刻录一张 CD 光盘。
2. 使用 Ashampoo 软件，制作一张自动播放（交互式菜单）的光盘。
3. 使用 Ashampoo 软件，尝试备份文件及文件夹。

活动二　刻录影视光盘

活动描述

根据公司策划活动和客户的要求，将活动录制的音、视频刻录成 CD、VCD 或 DVD 是四喜必做的工作。

📺 *活动分析*

要将音、视频文件刻录成可以使用光盘播放机直接播放的光盘,使用 Ashampoo 软件就可以轻松地完成。

⏱ *活动展开*

1. 刻录 CD 光盘

① 启动 Ashampoo 软件,进入软件操作界面。

② 单击"音频+音乐"→"创建音频 CD"命令,如图 4-3-18 所示,打开"刻录音频 CD"对话框。

🔊 小提示:CD 光盘以音频时间计算 CD 的容量。一张普通 CD 光盘可以刻录时间长为 74 分钟的音频。

图 4-3-18 选择刻录选项

⑥ 将可写光盘放入刻录机中。

⑦ 在"写入设置"选项栏中,设置相关选项。

🔊 小提示:在"写入设置"选项栏中,用户可以更改刻录速度、复制份数等选项。建议用户除了修改复制份数外,其他设置使用默认参数。

⑧ 单击"刻录_CD"按钮,刻录光盘,如图 4-3-20所示。

③ 在"刻录音频 CD"对话框中,单击"添加"按钮,打开"添加轨道"对话框。

④ 选择需要刻录的音频文件。

🔊 小提示:用户可以选择音频文件,单击"更改均衡器效果"按钮,在"均衡器"对话框中设置相关效果。

⑤ 设置完毕,单击"下一步"按钮,如图 4-3-19所示。

图 4-3-19 编辑播放列表

2. 刻录 DVD 光盘

① 启动 Ashampoo 软件,进入软件操作界面。

② 单击"视频+幻灯片"→"创建视频/幻灯片 DVD"命令,如图 4-3-21 所示,打开"视频及幻灯片创作"对话框。

图 4-3-20　刻录光盘

图 4-3-21　选择刻录选项

③ 在"标题"文本框中输入标题。

④ 在"输出格式"栏中选择输出格式,如图 4-3-22 所示。

⑤ 设置完毕,单击"下一步"按钮。

⑥ 在"TV 系统"栏中选择"PAL"单选按钮,确定视频播放制式。

小提示:电视广播制式有 PAL、NTSC、SECAM 三种,中国大部分地区使用 PAL 制式。

⑦ 在"屏幕格式"栏中选择"16∶9宽屏"单选按钮,设置屏幕格式,如图 4-3-23 所示。

⑧ 设置完毕,单击"下一步"按钮。

图 4-3-22　选择输出格式

图 4-3-23　设置屏幕格式

⑨ 单击"添加影片"按钮,打开"添加影片"对话框,选择需要刻录的视频文件。

⑩ 设置完毕,单击"下一步"按钮,如图 4-3-24所示。

⑪ 在"主题"选项栏中选择相关主题,如图 4-3-25所示。

⑫ 设置完毕,单击"下一步"按钮。

小提示:Ashampoo 软件预置多个主题,用户还可以单击"下载更多主题"链接,到软件官方网站下载更多主题。

图 4-3-24 添加影片

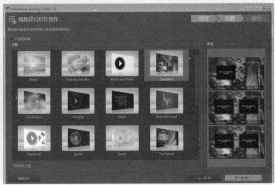

图 4-3-25 选择菜单主题

⑬ 在"视频及幻灯片创作"对话框中,根据需要编辑菜单主题中的文本、背景等,如图4-3-26所示。

⑭ 设置完毕,单击"下一步"按钮,根据提示,即可完成刻录光盘操作。

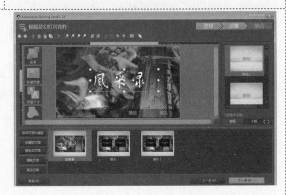

图 4-3-26 编辑菜单主题

拓展提高

1. 了解"音频+音乐"功能

Ashampoo 软件除了可以创建音频 CD 光盘外,还有"创建 MP3 或 WMA 光盘""复制音频文件到光盘""创建适用于车载播放器的音频光盘"及"抓取音频 CD"等功能。

(1)创建 MP3 或 WMA 光盘。单击"音频+音乐"→"创建 MP3 或 WMA 光盘"命令,打开"刻录 MP3 或 WMA CD/DVD"对话框,设置"输出格式"等选项,如图 4-3-27 所示。

(2)复制音频文件到光盘。复制音频到 CD、DVD 的操作与刻录数据光盘的操作一样。刻录的光盘只能使用计算机进行播放。

(3)抓取音频 CD。抓取音频 CD 的功能可以将 CD 音轨抓取并转换为 MP3 格式。操作时,单击"音频+音乐"→"抓取音频 CD"命令,打开"抓取音频 CD"对话框,将 CD 光盘插入光驱,软件检测 CD 光盘,如图 4-3-28 所示,CD 通过检测后,单击"下一步"按钮,打开音轨列表,单击"全否"按钮,然后勾选需要抓取的音轨项目,如图 4-3-29 所示。选择完毕,单击"下一步"按钮,打开输出选项设置对话框,设置输出文件格式及相关设置,单击"抓取"按钮,如图 4-3-30 所示。

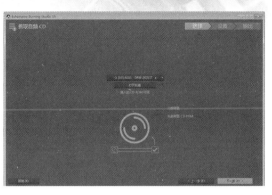

图 4-3-27 刻录 MP3 光盘　　　　　　　　图 4-3-28 检测 CD 光盘

图 4-3-29 选择音轨　　　　　　　　　　图 4-3-30 设置选项

小提示:Ashampoo 抓取 CD 音轨后,可以存储为 MP3、FLAC、WMA、WAV、APE 等多种文件格式,用户可以根据需要选择相应的文件格式。

2. 了解"视频+幻灯片"

Ashampoo 软件除了可以创建视频 DVD、VCD、超级 VCD 功能外,还有"创建视频/幻灯片蓝光光盘""来自文件夹的视频 DVD"等功能。用户根据实际需要,选择相关选项,依照操作向导,即可完成视频刻录的操作。

小提示:蓝光光盘(Blu-ray Disc,BD)是 DVD 之后的下一代光盘,可用以存储高品质的影音以及高容量的数据存储。

3. 了解"封面+光盘面"

Ashampoo 软件提供了光盘封面、光盘面的设计与打印功能。操作时,单击"封面+光盘面",打开"设计并打印 CD/DVD/BD 标签和封面"对话框,在该对话框中,用户可根据光盘和光盘盒的规格选择相关选项,如图 4-3-31 所示。设置完毕,单击"下一步"按钮,打开"输入数据"对话框。在该对话框中,用户在"标题""副标题"和"光盘内容"等文本框中输入相关的信息,如图 4-3-32 所示。设置完毕,单击"下一步"按钮,打开"自行设计封面或选择一个主题"对话框。

在"设置"对话框中,在"主题"选项卡中选择一个合适的主题,然后双击封面编辑框中的文本、图像,可以编辑文本或更换图像。在"文本编辑器"对话框中,用户可以重新输入文本,设置文本的字体、字号、颜色和样式等,如图 4-3-33 所示。

| 图 4-3-31　设置标签和封面 | 图 4-3-32　输入标签和封面信息 |

小提示：光盘盘面的设计与光盘盒的操作相同,在此不再赘述。

设置完毕,单击"下一步"按钮,打开"打印"对话框,如图 4-3-34 所示。在该对话框中,用户根据实际情况,单击"打印"按钮,即可打印设计的封面。

| 图 4-3-33　编辑封面 | 图 4-3-34　打印封面 |

 实训操作

1. 使用 Ashampoo 软件制作 CD 光盘。
2. 使用 Ashampoo 软件制作 DVD 影视光盘。
3. 尝试其他光盘刻录软件,比较其优劣,记录在表 4-3-1 中,并与同学进行交流。

表 4-3-1　评选"优秀"光盘刻录软件

软件名称	性质	比较
	□共享 □免费 □其他	
	□共享 □免费 □其他	

任务评价

在完成本次任务的过程中,我们学会了使用刻录软件刻录数据光盘和 CD、VCD、DVD 影视光盘,请对照表 4-3-2 进行评价与总结。

表 4-3-2　评价与总结

评 价 指 标	评 价 结 果	备 注
1. 会使用刻录软件刻录数据光盘	□A　□B　□C　□D	
2. 会使用刻录软件制作 CD 音乐光盘	□A　□B　□C　□D	
3. 会使用刻录软件制作 VCD、DVD 影视光盘	□A　□B　□C　□D	
4. 能够积极主动展示学习成果,并帮助他人	□A　□B　□C　□D	
5. 能够感受到工具软件给生活、学习和工作带来的便捷	□A　□B　□C　□D	

综合评价:

项目五　防护信息安全

进入信息时代，人们一方面享受着信息技术给生活、学习和工作带来的极大方便，另一方面也面临着严峻的信息安全问题——人们越来越担心存储的信息遭受破坏或被他人窃取。

信息遭到破坏或窃取的主要原因是一些不法分子使用计算机病毒工具，入侵他人计算机，以非法获取利益为目的，破坏或窃取主人的信息。

作为计算机用户来说，要做好信息安全防护，不仅要了解并遵守信息安全的相关法律法规，而且要会利用信息技术手段防患于未然。因此，借助相关的工具软件保护计算机信息安全是每一位信息时代公民应该具备的基本能力，也是避免信息失窃而造成不必要的损失的有效法宝。

在本项目中，我们将学会使用工具软件来保护计算机信息安全。

 项目分解

任务一　优化计算机系统

情景故事

李明毕业于某中等职业技术学校计算机应用专业,凭借其过硬的专业技术和创业热情,在毕业后承担了某品牌计算机的售后维修工作。根据某品牌计算机售后服务要求,除了给报修客户服务外,还需要有计划地跟踪服务客户,即使客户计算机没有出问题,也要给客户计算机定期进行健康体检,帮助客户检查硬件工作状况、优化系统设置、提出使用建议。

在工作的过程中,为了准确判断计算机的硬件状况和系统的运行情况,使用相应的工具软件是提高工作效率的重要手段。

本任务将使用"鲁大师"和"360 安全卫士"优化计算机系统。

任务目标

1. 学会使用工具软件检测计算机硬件系统。
2. 学会使用工具软件优化计算机软件系统。
3. 能够感受到工具软件给生活、学习和工作带来的便捷。

任务准备

1. 了解计算机系统

计算机系统由硬件系统和软件系统组成,其结构如图 5-1-1 所示。硬件系统是利用电、磁、光、机械等原理构成的各种物理部件的有机组合,是系统赖以工作的实体。软件系统由各种程序和文件组成,用于指挥全系统按指定的要求进行工作。

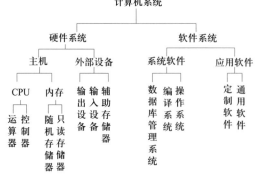

图 5-1-1　计算机系统结构示意图

（1）硬件系统。计算机硬件系统是指计算机系统中由电子、机械和光电元件等组成的各种物理装置的总称。这些物理装置按系统结构的要求构成一个有机整体，为计算机软件运行提供物质基础。从外观上来看，个人计算机由主机和外部设备组成。主机主要包括 CPU、内存、主板、硬盘驱动器、光盘驱动器、各种扩展卡、连接线、电源等；外部设备包括鼠标、键盘、显示器、音箱等，这些设备通过接口和连接线与主机相连。概括起来，计算机由运算器、控制器、存储器、输入设备和输出设备等 5 个逻辑部件组成。

CPU 是中央处理器（Central Processing Unit），CPU 由运算器和控制器组成，是任何计算机系统必备的核心部件，如图 5-1-2 所示。运算器是对数据进行加工处理的部件，它在控制器的作用下与内存交换数据，负责进行各类基本的算术运算、逻辑运算和其他操作。控制器是整个计算机系统的指挥中心，负责对指令进行分析，并根据指令的要求，有序、有目的的向各个部件发出控制信号，使计算机的各部件协调一致的工作。

内存即内存储器，也称主存储器，如图 5-1-3 所示。内存直接与 CPU 相连接，是计算机的主要存储器，当前运行的程序与数据存放在内存中。内存多半是半导体存储器，采用大规模集成电路或超大规模集成电路器件组成。内存储器按其工作方式的不同，可以分为随机存取存储器（简称随机存储器或 RAM）和只读存储器（简称 ROM）。

图 5-1-2　中央处理器（CPU）　　　　　图 5-1-3　内存储器

个人计算机常用的外存储器有硬盘、光盘和 U 盘，如图 5-1-4 所示。硬盘也称外存储器，是计算机执行程序和加工处理数据时，按信息块或信息组先送入内存后再使用，操作系统的数据一般存储在外存储器中。光盘和 U 盘是计算机用户用来移动数据所使用的存储器。

硬盘　　　　　　　　　光盘　　　　　　　　　U盘

图 5-1-4　外存储器

主板又叫主机板（Mainboard）、系统板（Systemboard）或母板（Motherboard）。它安装在机箱内，是计算机最基本的也是最重要的部件之一。主板一般为矩形电路板，如图 5-1-5 所示，上面安装了组成计算机的主要电路系统，一般有 I/O 控制芯片、键盘和面板控制开关接口、指示灯插接件、扩充插槽、主板及插卡的直流电源供电接插等元件。计算机的 CPU、存储器及相关的输入、输出等设备都必须与主板进行连接后才能正常工作，如图 5-1-6 所示。

图 5-1-5　主板

图 5-1-6　主机箱

（2）软件系统。计算机软件系统是指在硬件设备上运行的各种程序、数据及有关的资料，包括系统软件和应用软件。计算机之所以能够完成各种有意义的工作，是因为计算机系统在软件的控制下运行。

系统软件是各类操作系统，如 Windows、Linux、UNIX 等，还包括操作系统的补丁程序及硬件驱动程序，都是系统软件类。应用软件的种类就更多了，如工具软件、游戏软件、管理软件等都属于应用软件类。

一般来说，系统软件包括操作系统和一系列基本的工具，如编译器、数据库管理、存储器格式化、文件系统管理、用户身份验证、驱动管理、网络连接等方面的工具。应用软件是为了某种特定的用途而被开发的软件。它可以是一个特定的程序，如图像浏览器；也可以是一组功能联系紧密、可以互相协作的程序集合，如 Microsoft Office 软件。

2. 了解漏洞与补丁

漏洞是指一个系统（包括硬件、软件和协议）存在的弱点或缺陷，从而可以使攻击者能够在未授权的情况下访问或破坏系统。漏洞可能来自应用软件或操作系统设计时的缺陷或编码时产生的错误，也可能来自业务在交互处理过程中的设计缺陷或逻辑流程上的不合理之处。这些缺陷、错误或不合理之处可能被他人有意或无意地利用，从而对一个组织的资产或运行造成不利影响，如信息系统被攻击或控制，重要资料被窃取，数据被篡改，系统被作为入侵其他主机系统的跳板。从目前发现的漏洞来看，应用软件中的漏洞远远多于操作系统中的漏洞，特别是 Web 应用系统中的漏洞更是占信息系统漏洞中的绝大多数。

当某个系统出现了漏洞，其研发者就会提供一种补救措施的小程序，即"补丁"，逐步完善该系统。

作为普通计算机用户，并不一定清楚自己所使用的操作系统或硬件存在哪些漏洞，也不清楚应该下载哪些对应的补丁程序来修补。因此，使用相关的工具软件扫描漏洞并自动修补是普通用户的最佳选择。

3. 获取"鲁大师"软件

"鲁大师"是一款能够提供测试计算机配置、检测硬件工作状态、测试工作性能、清理硬件系统、升级优化硬件驱动程序等功能的软件,显著提升了用户计算机的工作效率,让用户维护计算机省时省心。用户可以在"鲁大师"官网下载该软件,然后根据安装提示,完成软件的安装后即可使用。启动软件,其操作界面如图5-1-7所示。

图5-1-7 "鲁大师"软件界面

4. 获取"360安全卫士"

"360安全卫士"具有查杀木马、清理插件、修复漏洞、安装软件、体检计算机等多种功能,并提供"木马防火墙"功能,依靠抢先侦测和云端鉴别,可全面、智能地拦截各类木马,保护用户的账号、隐私等重要信息。目前,"360安全卫士"运用云安全技术,在拦截和查杀木马的效果、速度以及专业性上表现出色,能有效防止个人数据和隐私被木马窃取。"360安全卫士"自身非常轻巧,同时还具备开机加速、垃圾清理等多种系统优化功能,可大大加快计算机运行速度,内含的"360软件管家"还可帮助用户轻松下载、升级和强力卸载各种应用软件。

用户可以在"360安全中心"下载"360安全卫士"软件,然后根据安装提示,完成软件的安装。启动软件,其操作界面如图5-1-8所示。

图5-1-8 "360安全卫士"软件界面

任务设计

活动一 优化硬件系统

活动描述

李明按照计划来到客户张先生家作售后回访工作。张先生反映他家的计算机没有大毛病，只是运行速度比刚购买时慢了许多，时而还会出现没有声音、显示不正常等一些小毛病，李明有什么好的办法解决呢？

活动分析

计算机使用一段时间后，速度会逐渐减慢，其原因是多方面的，比如硬件老化、板卡接触不良或驱动程序丢失等，都会影响计算机的运行速度。

要解决这些问题，使用"鲁大师"可准确地检测出问题的原因并能够进行有效的处理，优化计算机硬件系统，提高计算机的运行速度。

活动展开

1. 检测计算机系统

① 启动"鲁大师"软件，进入软件操作界面。

② 单击"硬件体检"按钮，检测硬件，如图 5-1-9 所示。

小提示：检测完毕，软件会从硬件信息、系统状态、硬件防护等多个方面反馈给用户。用户可以针对反馈的问题进行修复。

图 5-1-9 系统信息总览对话框

2. 硬件检测

① 单击"硬件检测"按钮，打开选项卡。

② 单击"重新扫描"按钮，检测硬件信息，如图 5-1-10 所示。

小提示："硬件检测"可以对计算机整体的硬件（比如主板、显卡、内存、硬盘等）分类进行检测，不仅能够清楚地将硬件信息呈现给用户，而且还能够判断各硬件的健康状况信息。

图 5-1-10 分析软件信息

1. 了解温度管理功能

温度高低直接影响计算机工作状态。当温度过高时,会降低计算机工作性能甚至引起死机等现象。当用户安装了"鲁大师"软件后,在任务栏会实时呈现计算机 CPU 的温度,同时,用户进入"鲁大师"界面,单击"温度管理"按钮,单击"温度监控"选项卡,用户可以直观地看到计算机各硬件温度情况及最近 3 分钟的 CPU 温度、CPU 核心、CPU 封装及硬盘的温度曲线,如图 5-1-11 所示。用户还可以设置"高温报警"开关。

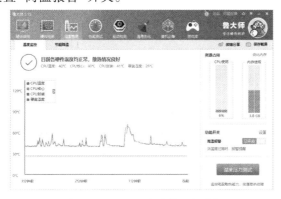

图 5-1-11 "温度监控"选项卡

单击"节能降温"选项卡,用户可以选择"全面节能""智能降温"或"关闭"单选按钮来设置当前计算机节能降温模式,如图 5-1-12 所示。

图 5-1-12 "节能降温"选项卡

单击"设置"按钮,打开"鲁大师设置中心"对话框,用户可以设置"常规设置""硬件保护""节能降温""内存优化""主页防护""功能设置"等选项,如图 5-1-13、图 5-1-14 所示。

2. 了解"性能测试"功能

"性能测试"可以检测本机中央处理器(CPU)、显卡、内存、磁盘等主要硬件的性能并与其他使用"鲁大师"软件的计算机进行比较,同时,还能呈现当前手机、计算机的综合性能、中央处理

图 5-1-13　常规设置　　　　　　　　　　　　图 5-1-14　硬件保护

器(CPU)、显卡等排行榜,供用户参考。操作时,单击"性能测试"按钮,单击"电脑性能测试"选项卡,单击"开始评测"按钮,软件立即对本机进行检测,然后分类、综合给出一个评价的分数,如图 5-1-15 所示。用户若想更进一步了解当前其他用户的计算机整机或相关硬件的性能,可选择相关项目,比如"综合性能排行榜",即可呈现出一组对比数据,如图 5-1-16 所示。

图 5-1-15　综合性能评测

图 5-1-16　综合性能排行榜

 小提示:使用"鲁大师"软件对用户设备的测评数据,不仅能够清楚反映本机的性能状态,还可以了解其他手机、计算机及硬件的性能对比数据,为用户选择提供了很好的咨询服务。

3. 了解"驱动检测"功能

计算机的每一个硬件都需要对应的驱动程序驱动,否则无法工作。升级优化驱动程序可以改善硬件的工作性能。在使用计算机的过程中,时常会出现一些硬件无法工作的状况,比如声卡不工作、播放视频画面出现"马赛克"等现象,除了软件设置问题,多数是相关硬件驱动程序出了问题。用户使用"鲁大师"软件,一般都能解决因驱动出现的故障问题。操作时,单击"驱动检测"按钮,打开"360驱动大师"对话框,如图5-1-17所示。单击"重新检测"按钮,软件对本机驱动程序进行检测,并呈现出当前硬件设备的驱动程序状况,若出现需要更新或重新安装的驱动程序,单击"一键安装"按钮即可解决。

图 5-1-17 安装驱动

单击"驱动管理"按钮,用户可以选择"驱动备份""驱动还原""驱动卸载"等选项卡,用来备份、还原和卸载相关硬件的驱动程序,如图5-1-18所示。

图 5-1-18 管理驱动

☞ 小提示:"鲁大师"软件属于奇虎360公司旗下产品,因此,用户会发现其"驱动检测"是直接调用的"360驱动大师"软件。"360驱动大师"还提供了如"显卡花屏""声卡故障""主板异常"等较难排除的故障的"一对一"专家诊断服务,如图 5-1-19 所示。用户若需要该功能,单击"免费诊断"按钮,打开"360 人工服务(360 同城帮)"对话框,如图 5-1-20 所示,用户可以注册用户账户并预约维修等。

图 5-1-19 驱动门诊

图 5-1-20 360 人工服务界面

4.了解"清理优化"功能

计算机在运行的过程中,硬件、软件系统都会产生一些垃圾文件以占用资源,影响计算机的正常性能。"鲁大师"软件提供了"独创硬件清理""智能系统清理"和"最优优化方案"三项功能,能够较好地解决这些问题。操作时,单击"一键清理"按钮,即可以清理优化操作,如图 5-1-21 所示。扫描完成后,用户可以单击"详情"打开查看具体情况,如图 5-1-22 所示。

实训操作

1.使用"鲁大师"软件,检测计算机硬件系统,并将计算机的主要硬件信息记录在表 5-1-1 中。

图 5-1-21　硬件清理扫描

图 5-1-22　查看清理详情

表 5-1-1　计算机主要硬件信息记录表

项目	关键信息	项目	关键信息
计算机系统		显卡	
中央处理器(CPU)		声卡	
主板		内存	

2. 使用"鲁大师"软件进行检测计算机性能、清理优化系统等操作。

活动二　优化软件系统

活动描述

　　李明应客户的要求,除了帮助客户维护硬件系统外,还要对客户的计算机软件系统进行优化,提高计算机的运行速度。

活动分析

　　计算机软件系统运行不稳定、速度变慢，除了维护硬件系统和清理软件垃圾文件外，还可对操作系统进一步优化，提高计算机的运行速度。使用"360 安全卫士"软件可以方便地对计算机进行体检、查杀木马、清理插件和修复漏洞等维护。操作上，大多是"一键"解决问题，不存在技术上的难度。

活动展开

1. 电脑体检

　　① 启动"360 安全卫士"软件，进入软件主界面。

　　② 单击"电脑体检"按钮，选择维护选项。

　　③ 单击"立即体检"按钮，如图 5-1-23 所示。

　　📢 小提示：若用户是第一次使用该软件，其界面会略有差别。

图 5-1-23　体检电脑

　　④ 软件对计算机进行检测，检测完毕，显示检测结果，如图 5-1-24 所示。

　　⑤ 单击"一键修复"按钮，即可修复。

　　📢 小提示：若用户计算机是第一次安装本软件，检测出来需要修复的内容估计比较多，综合评分也比较低，单击"一键修复"按钮，即可修复。

图 5-1-24　修复项目

2. 查杀木马

　　① 单击"木马查杀"按钮，打开"木马查杀"对话框。

　　② 单击"快速查杀"按钮，如图 5-1-25 所示。

　　📢 小提示：在"木马查杀"对话框中有"快速查杀""全盘查杀"和"按位置查杀"三个选项，软件推荐选择"快速扫描"方式查杀木马即可。

　　③ 进入扫描对话框，软件自动进行扫描。

　　④ 扫描结束，单击"一键处理"按钮，如图 5-1-26 所示，查杀木马。

　　📢 小提示：若软件扫描出木马，用户还可以选择"暂不处理"选项。

图 5-1-25　选择查杀木马　　　　　　　　图 5-1-26　扫描结果

拓展提高

1. 了解"电脑清理"功能

计算机使用一段时间后,自然会产生一些垃圾文件和痕迹,以及多余的软件插件和不常用的软件等。久而久之,这些文件不仅会占用计算机磁盘的空间,也会影响一些软件的正常性能,甚至暴露个人信息等。使用"360 安全卫士"软件可以清除垃圾文件、插件和使用痕迹,保持计算机良好的运行状态,保护用户的隐私。操作时,单击"电脑清理"按钮,打开"电脑清理"对话框,单击"全面清理"按钮,如图 5-1-27 所示。软件扫描完毕时,会将扫描结果呈现出来,如图 5-1-28 所示。用户可以选择清理对象图标下的"详情"查看具体信息,也可以单击"一键清理"按钮直接清理扫描结果。

图 5-1-27　"电脑清理"对话框

（1）单项清理。在清理时,可以选择单项清理。操作时,单击"单项清理"按钮,打开项目列表,选择其中选项,可以单项清理,如图 5-1-29 所示。

（2）设置自动清理。"360 安全卫士"软件具有自动清理功能的设置。操作时,单击"自动清理"按钮,打开"自动清理设置"对话框,开启"自动清理功能"开关,然后在"自动清理时间设置"

图 5-1-28　扫描结果

图 5-1-29　选择单项清理

和"清理内容"栏中设置相关选项,如图 5-1-30 所示,单击"确定"按钮即生效。

图 5-1-30　设置自动清理

（3）恢复区。在清理计算机的过程中,清理过的一些插件、软件或注册表都记录在"恢复区",用户可以进一步彻底清理,也可以恢复原状。操作时,单击"恢复区"按钮,打开"恢复区"对话框,如图 5-1-31 所示。用户可以选择"插件恢复区""已删除软件"和"注册表恢复"等选项卡,根据需要确定是否恢复或删除等操作。

图 5-1-31 "恢复区"对话框

（4）维修模式。在维修模式下清理计算机，可以卸载不常用的软件、插件、垃圾等，可以达到重装系统的效果。操作时，单击"维修模式"按钮，打开"维修模式"对话框，单出"开始扫描"按钮，检测计算机，扫描结束呈现需要清理的内容，如图 5-1-32 所示。用户可以勾选"全选"复选框选中所有内容，也可以单选某些项目，然后单击"立即清理"按钮，清理选定的内容。

图 5-1-32 "维修模式"对话框

（5）经典版清理。经典模式清理分为"清理垃圾""清理软件"和"清理插件"三种方式。用户操作时，单击"经典版清理"按钮，打开"经典版电脑清理"对话框，选择清理类别选项卡和清理内容，单击"立即清理"按钮，清理相关项目，如图 5-1-33 所示。

（6）系统盘瘦身。计算机使用久了，系统盘不仅会积累一些垃圾，还可能由于上网或下载较大的文件（视频文件）占用系统盘更多的空间，若不及时清理，会影响计算机的运行速度。使用"系统盘瘦身"可以清理这些文件。操作时，单击"系统盘瘦身"按钮，软件会自动扫描系统盘并呈现扫描结果，用户选择需要清理的软件或类别，单击"立即瘦身"按钮，即可清理系统盘，如图 5-1-34 所示。

图 5-1-33 "经典版电脑清理"对话框

图 5-1-34 "系统盘瘦身"对话框

　　 小提示:"360安全卫士"软件还有"查找大文件""查找重复文件"等清理功能,操作比较简单,在此不再一一介绍。

　　2. 了解"系统修复"功能

　　系统出现漏洞、驱动程序丢失都会引起系统的不正常。使用"系统修复"功能可以补漏洞、装驱动,修复异常系统。操作时,单击"系统修复"按钮,打开"系统修复"选项卡,单击"全面修复"按钮,可以全面扫描系统,也可以在"单项修复"项目列表中选择单项修复,如图 5-1-35 所示。

　　(1)补丁管理。"360安全卫士"对本机中下载并安装或忽略过的补丁都会记录下来,方便用户卸载或重新安装。操作时,单击"补丁管理"按钮,打开"补丁管理"对话框,如图 5-1-36 所示。

　　(2)主页防护。使用浏览器上网是最容易被木马攻击或篡改的。使用"主页防护"功能可以较好地解决这个问题。操作时,单击"主页防护"按钮,打开"主页防护"对话框,用户可以根据

图 5-1-35 系统修复

![图 5-1-36 补丁管理]

图 5-1-36 补丁管理

需要设置相关选项,如图 5-1-37 所示。

![图 5-1-37 浏览器防护设置]

图 5-1-37 浏览器防护设置

（3）主页修复。用户常常会出现网络已经连通但无法浏览网页的情况，一般都是浏览器故障引起的。使用"主页修复"功能可以较好地解决该故障。操作时，单击"主页修复"按钮，打开"主页修复"对话框，单击"开始扫描"按钮，检查故障，如图5-1-38所示。

图5-1-38　修复主页

3. 了解"优化加速"功能

当计算机使用一段时间后，运行速度也逐渐变慢。使用"360安全卫士"可以对计算机实施优化加速的操作，提高计算机的运行速度。操作时，单击"优化加速"按钮，打开"优化加速"选项卡。单击"全面加速"按钮，可以全面扫描系统，也可以在"单项加速"项目列表中选择单项修复，如图5-1-39所示。

图5-1-39　选择优化加速

单击"启动项"按钮，打开"启动项"对话框，用户可以根据需要分别在"启动项""已忽略""开机时间""优化记录"等选项卡中设置相关选项，如图5-1-40所示，实现优化加速。

📢 小提示：计算机新用户在设置相关选项时要谨慎，建议使用软件推荐设置。

图 5-1-40　设置加速选项

4. 了解"功能大全"功能

"360 安全卫士"软件提供了一个集"电脑安全""数据安全""网络优化""系统工具""实用工具"于一体的工具软件集合，用户可以根据需要在线选择安装使用，如图 5-1-41 所示。

图 5-1-41　"功能大全"选项卡

5. 了解"软件管家"功能

"360 软件管家"也是奇虎 360 公司旗下产品，单击"360 安全卫士"界面的"软件管理"按钮，打开"360 软件管理"界面。"360 软件管家"汇集了计算机、手机及其他终端常用的软件，供用户选择使用，同时，还提供了"卸载"功能，如图 5-1-42 所示。使用"卸载"功能可以非常方便地卸载计算机中已经安装的软件。

实训操作

1. 使用"360 安全卫士"给计算机进行体检，将结果简要记录在表 5-1-2 中。

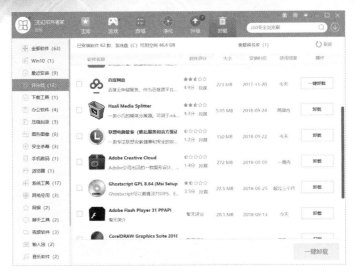

图 5-1-42 "软件管家"界面

表 5-1-2 计算机体检表

体检得分		扫描项目	共扫描了_____项,存在问题_____项。
需要优化的项目			

2. 使用"360 安全卫士"软件清理计算机中的垃圾,并把清理的结果说给同学听听。

3. 在使用"360 安全卫士"维护计算机系统的过程中,你用了哪些功能?效果如何?请简要记录在表 5-1-3 中,并与同学进行交流。

表 5-1-3 维护计算机系统记录表

项 目	效 果	项 目	效 果
查杀木马	□好 □一般 □差		□好 □一般 □差
修补漏洞	□好 □一般 □差		□好 □一般 □差
	□好 □一般 □差		□好 □一般 □差

 任务评价

在完成本次任务的过程中,我们学会了使用工具软件检测、优化系统,请对照表 5-1-4 进行评价与总结。

表 5-1-4 评价与总结

评价指标	评价结果	备 注
1. 会使用工具软件检测计算机系统	□A □B □C □D	
2. 会使用工具软件优化计算机系统	□A □B □C □D	

续表

评价指标	评价结果	备　注
3. 能够积极主动展示学习成果，并帮助他人	□A　□B　□C　□D	
4. 能够感受到工具软件给生活、学习和工作带来的便捷	□A　□B　□C　□D	

综合评价：

任务二　防治与查杀病毒

情景故事

　　高明毕业于某中职学校计算机应用专业，凭借其扎实的专业功底，顺利地进入一家专业培训公司工作，主要负责培训机房 100 多台计算机及网络的维护与管理。

　　为了保证网络畅通，使每台计算机都能够正常工作，高明的工作量确实不小，但由于他善于合理规划网络，并使用工具软件做好网络防护，而且经常对每台计算机进行查毒与杀毒，所以工作起来得心应手。

　　本任务将使用"瑞星个人防火墙"防护网络和"360 杀毒"软件查杀病毒。

任务目标

　　1. 学会使用"瑞星个人防火墙"软件防护网络。

　　2. 学会使用"360 杀毒"软件查杀病毒。

　　3. 能够感受到工具软件给生活、学习和工作带来的便捷。

任务准备

　　1. 了解防火墙

　　在网络中，所谓"防火墙"是指一种将内部网和外部网（如 Internet）分开的隔离技术。防火墙是在两个网络通信时执行的一种访问控制尺度，它能允许用户"同意"的人和数据进入该用户的网络，同时将用户"不同意"的人和数据拒之门外，最大限度地阻止网络中的黑客来访问用户所在的网络。作为个人计算机用户，使用软件防火墙可以有效阻止来自互联网的攻击或非法访问本计算机。

　　2. 认识计算机病毒

　　计算机病毒是指编制或者在计算机程序中插入的破坏计算机功能或者破坏数据、影响计算机使用并且能够自我复制的一组计算机指令或者程序代码。计算机病毒有如下特征：

（1）寄生性。计算机病毒寄生在其他程序之中，当执行这个程序时，病毒就起破坏作用，而在未启动这个程序之前，不易被人发觉。

（2）传染性。计算机病毒不但本身具有破坏性，更有害的是具有传染性，一旦病毒被复制或产生变种，其速度之快令人难以预防。计算机病毒也会通过各种渠道从已被感染的计算机扩散到未被感染的计算机，造成被感染的计算机工作失常甚至瘫痪。

（3）潜伏性。有些病毒像定时炸弹一样，预先设计好发作时间。比如"黑色星期五"病毒，不到预定时间一点都觉察不出来，等到条件具备的时候就爆发，对系统进行破坏。

（4）隐蔽性。计算机病毒具有很强的隐蔽性，时隐时现、变化无常，处理起来通常很困难。

（5）破坏性。计算机中毒后，可能会导致正常的程序无法运行，把计算机内的文件删除或受到不同程度的损坏。通常表现为格式化磁盘、删除、修改磁盘文件、对数据文件做加密、封锁键盘以及死锁系统等现象。

（6）可触发性。病毒会因某个事件或数值的出现而触发，从而对计算机实施感染或进行攻击。病毒具有预定的触发条件，这些条件可以是时间、日期、文件类型或某些特定数据等。

3. 获取"瑞星个人防火墙"软件

"瑞星个人防火墙"软件能保护网络安全，免受黑客攻击。它采用增强型指纹技术，有效地监控网络连接。内置细化的规则设置，使网络保护更加智能。还具有游戏防盗、应用程序保护等高级功能，为个人计算机提供全面、安全的保护。通过过滤不安全的网络访问服务，极大地提高了用户计算机的上网安全，有效地防范黑客攻击、木马程序等网络危险，保护上网账号、QQ密码、网游账号等信息不被窃取。

可以在瑞星官网下载"瑞星个人防火墙"软件，然后根据安装提示，完成软件的安装。启动软件，其操作界面如图 5-2-1 所示。

图 5-2-1　"瑞星个人防火墙"软件界面

4. 获取"360 杀毒"软件

"360 杀毒"软件是奇虎 360 公司出品的一款免费的云安全杀毒软件。"360 杀毒"软件具有查杀率高、资源占用少、升级迅速等优点。

用户可以在官网下载"360 杀毒"软件,然后根据安装提示,完成软件的安装。启动软件,其操作界面如图 5-2-2 所示。

图 5-2-2 "360 杀毒"软件界面

 任务设计

活动一 防护网络

活动描述

网络攻击、恶意网址已成为威胁网络教室计算机安全的重要方面。为了保证计算机安全、稳定、健康地运行,高明时时注意网络防范。

活动分析

防范来自网络的恶意攻击,就需要使用防火墙工具将其隔离于网络教室之外。因此,使用"瑞星个人防火墙"软件即可轻松解决。

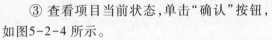

1. 检查网络安全

① 启动"瑞星个人防火墙"软件,进入软件操作界面。

② 查看安全状态,当用户计算机安全状态处于"高危"或"风险"时,单击"立即修复"按钮,如图5-2-3所示,打开"安全检查-修复"对话框。

③ 查看项目当前状态,单击"确认"按钮,如图5-2-4所示。

📢 小提示:当单击"立即修复"按钮后,软件会自动进行修复,关闭"安全检查-修复"对话框,返回主界面,安全状态即会改变。

图5-2-3　检查安全状态

图5-2-4　选择修复选项

2. 设置网络安全

① 单击"网络安全"按钮,打开"网络安全"对话框。

② 用户根据实际情况确定"开启"或"关闭"项,如图5-2-5所示。

📢 小提示:关闭的选项即不受防火墙保护,会给计算机带来一定的风险,用户慎用!

图5-2-5　设置网络防护

1. 了解"网络安全"功能

在"网络安全"对话框中,分为"安全上网防护"和"严防黑客"两栏。在"安全上网防护"下有"拦截恶意下载""拦截木马网页""拦截跨站脚本攻击""拦截钓鱼欺诈网站"和"搜索引擎结果检查"这5个选项设置,软件都默认为"开启"状态;在"严防黑客"下有"ARP欺骗防御""拦截网络入侵攻击""网络隐身"和"阻止对外攻击"这 4 个选项设置,除了"ARP 欺骗防御"选项外,其他均默认为"开启"状态。用户还可以单击"设置"按钮,打开"设置"对话框,进一步具体设置。

（1）安全上网设置。展开"安全上网设置"选项,设置浏览器高强度防护,勾选需要防护的浏览器名称,如图 5-2-6 所示。如果用户还使用其他浏览器,可以单击"添加"按钮,添加该浏览器。

图 5-2-6 安全上网设置

（2）防黑客设置。展开"防黑客设置"选项,在"阻止对外攻击""ARP 欺骗防御""拦截网络入侵攻击""网络隐身"等选项栏中设置相关选项,如图 5-2-7 所示。

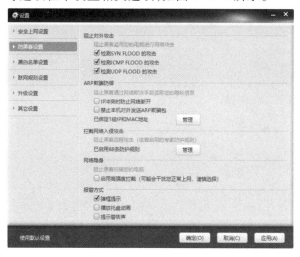

图 5-2-7 防黑客设置

💬 小提示:ARP 欺骗是通过发送虚假的 ARP 包给局域网内的其他计算机或网关,通过冒充他人的身份来欺骗局域网中的其他计算机,使得其他的计算机无法正常通信,或者监听被欺骗者的通信内容。用户可通过在"ARP 欺骗防御"选项栏中设置,防止计算机受到 ARP 欺骗攻击,保护计算机的正常通信。

(3)黑白名单设置。展开"黑白名单设置"选项,选择"黑名单"选项,单击"网址黑名单",在"输入网址地址"文本框中输入网址,如图 5-2-8 所示。若选择"IP 地址黑名单",同样在"输入 IP 地址"文本框中输入 IP 地址即可。在"白名单"选项中只是多了"端口白名单"和"程序白名单",设置方法类似。

图 5-2-8　黑白名单设置

(4)联网规则设置。展开"联网规则设置"选项,该选项下有"程序联网规则""IP 规则""端口规则"等设置。操作时,根据实际情况设置相关选项,如图 5-2-9 所示。

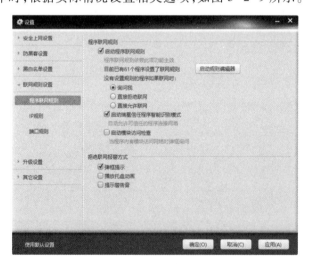

图 5-2-9　联网规则设置

　小提示:当用户不太清楚具体选项设置的作用、意义和可能带有的风险时,建议使用软件默认设置,否则设置不当易带来损失。

2. 了解"家长控制"功能

为了防止孩子沉迷于网络或网络游戏,可以建立一种上网控制策略。操作时,单击"家长控制"按钮,打开"家长控制"对话框,根据实际情况设置相关选项,然后单击"保存"按钮即生效,如图5-2-10所示,同时,为了防止他人修改,还可以在"设置密码"选项中设置密码,如图5-2-10所示。

图 5-2-10　建立上网控制策略

3. 了解防火墙规则

在"防火墙规则"对话框中可以对"联网程序规则"和"IP 规则"进行设置。操作时,单击"防火墙规则"按钮,打开"联网程序规则"选项卡,单击"增加"按钮添加新程序,如图5-2-11所示。也可使用"修改""删除"等按钮,修改或删除已经联网的程序。选择"IP 规则"选项卡,可以设置 IP 地址。

图 5-2-11　设置防火墙规则

4. 了解"小工具"功能

"瑞星个人防火墙"还提供了"网络监控""网络安全"等方面 10 多款小工具。使用时,单击小工具图标,即可选择相应工具,如图 5-2-12 所示。如选择"网速保护",打开"网速保护"对话框,如图 5-2-13 所示,设置相关选项,实施网速保护。

图 5-2-12 "小工具"对话框

图 5-2-13 应用"网速保护"小工具

实训操作

1. 启动防火墙软件,检测计算机是否安全。
2. 设置防火墙软件选项,定制个性化防火墙。

活动二 查杀病毒

活动描述

每天都会产生无以计数的新病毒,并时时威胁着网络中的每一台计算机。为了网络教室的安全,杀毒是高明每天必做的"功课"。

活动分析

使用"360 杀毒"软件杀毒,可以轻松确保计算机安全。

活动展开

1. 扫描病毒

① 启动"360 杀毒"软件,进入软件操作界面。

② 单击"快速扫描"按钮,快速扫描病毒,如图5-2-14 所示。

小提示:单击"快速扫描"按钮,软件只检测病毒、木马隐身的关键位置,而单击"全盘扫描"按钮,软件会对计算机中磁盘所有分区进行扫描。

③ 软件开始扫描计算机中的文件。

④ 扫描结束,呈现扫描及处理结果,如图5-2-15 所示。

小提示:若用户"无人值守"扫描病毒时,可以勾选"扫描完成后自动处理并关机"复选框。

图 5-2-14 选择快速扫描病毒

图 5-2-15 扫描病毒

2. 查看隔离文件

① 单击"查看隔离文件"按钮,打开"360恢复区"对话框,如图 5-2-16 所示。

② 选择相关选项,单击"恢复所选"按钮,恢复隔离文件,单击"删除所选"按钮,则彻底删除。

小提示:被杀毒软件处理过的文件都有安全备份,用户可以手动恢复,也可以彻底删除。

图 5-2-16 设置实时防护

1. 查杀病毒

"360杀毒"软件界面非常简洁,用户只需要根据实际情况,单击"全盘扫描""快速扫描"或"功能大全"按钮,进行查杀病毒即可。当用户单击"全盘扫描"或"快速扫描"按钮后,软件会直接启动杀毒界面,如图5-2-17所示。若单击"功能大全"按钮,则会打开集"系统安全""系统优化""系统急救"于一体的工具集合,如图5-2-18所示。

图 5-2-17　扫描病毒

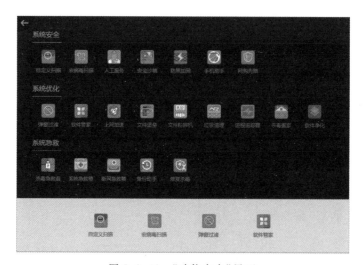

图 5-2-18　"功能大全"界面

（1）自定义扫描。"自定义扫描"功能可以定义扫描一个或多个文件夹,也可以是一个文件。操作时,单击"自定义扫描"按钮,打开"选择扫描目录"对话框,选择需要扫描的目录（文件夹）或文件,单击"扫描"按钮即可,如图5-2-19所示。

（2）宏病毒扫描。宏病毒是一种寄存在文档或模板宏中的计算机病毒。一旦打开这样的文档,其中的宏就会被执行,于是宏病毒就会被激活,转移到计算机上,并驻留在 Normal 模板中。从此以后,所有自动保存的文档都会"感染"上这种宏病毒,而且如果其他用户打开了感染病毒的文档,宏病毒又会转移到其他计算机上。"360 杀毒"软件能够专杀这种病毒,操作时,单击"宏病毒扫描"按钮,打开"宏病毒扫描"对话框,如图 5-2-20 所示。

图 5-2-19　自定义扫描

图 5-2-20　扫描宏病毒

　　小提示:除了快速扫描、全盘扫描、自定义扫描病毒外,还有一种"右键扫描"病毒的方式。操作时,鼠标右键单击需要扫描的文件或磁盘分区,在右键菜单中选择"使用 360 杀毒扫描"命令,如图 5-2-21 所示,即可对所选择的文件或磁盘分区进行扫描杀毒。

（3）了解弹窗过滤器。在操作计算机的过程中,经常会弹出一些小窗口,干扰用户的计算机操作,"360 杀毒"软件的"弹窗过滤"功能很好地解决了这个问题。操作时,单击"弹窗过滤"按钮,打开"弹窗过滤器"对话框,用户可以根据需要选择过滤模式,如图 5-2-22 所示。用户还可以单击"设置"按钮,设置相关选项,进一步优化弹窗过滤效果。

图 5-2-21　右键扫描病毒

图 5-2-22　弹窗过滤器界面

2. 了解"360 杀毒"软件设置

用户可以根据自己的工作习惯或喜好,定制 360 杀毒软件,使其服务更加贴心、省事。单击软件主界面上的"设置"按钮,打开"设置"对话框,即可对相关选项设置。

(1)常规设置。在"常规设置"选项中,用户可以根据实际情况,在"常规选项""自保护状态"和"密码保护"栏中选择相关选项,定制杀毒软件,如图 5-2-23 所示。

(2)升级设置。杀毒软件需要经常更新病毒库,才能有效地查杀病毒。用户可以根据自己使用计算机的习惯,在"升级设置"选项中,如图 5-2-24 所示,设置升级选项,使其更加符合用户的需求。

(3)多引擎设置。"360 杀毒"软件内含多个查杀引擎,用户可以根据自己的计算机配置和查杀病毒需要,在"多引擎设置"选项中选择查杀病毒的引擎,如图 5-2-25 所示。

图 5-2-23 常规设置

图 5-2-24 升级设置

图 5-2-25 多引擎设置

（4）病毒扫描设置。用户可以选择多种方式对计算机进行扫描，还可以设置扫描的文件类型、选项和扫描出病毒的处理方式。在"病毒扫描设置"选项，如图 5-2-26 所示，用户根据实际需要设置扫描文件类型、选项及病毒处理方式。

图 5-2-26　病毒扫描设置

（5）实时防护设置。"360 杀毒"软件有实时防护设置的功能。用户可以在"实时防护设置"选项中分别对"防护级别设置""监控的文件类型""发现病毒时的处理方式"等选项进行设置，如图 5-2-27 所示。

图 5-2-27　实时防护设置

（6）文件白名单。用户可以在"文件白名单"选项中添加信任的文件、文件夹和文件的扩展名，如图 5-2-28 所示。当杀毒软件在扫描病毒的过程中，遇到白名单中的文件、文件夹或扩展名时，就会跳过，节省扫描时间。

（7）免打扰设置。用户可以在"免打扰设置"选项中设置"免打扰状态"，开启"免打扰状态"开关，如图 5-2-29 所示。

图 5-2-28 文件白名单设置

图 5-2-29 免打扰设置

（8）异常提醒。用户可以在"异常提醒"选项中设置相关选项，比如"上网环境异常提醒""进程追踪器"等选项，如图 5-2-30 所示。当计算机系统遇到设置的相关异常情况，软件就会提醒用户。

3. 了解病毒处理失败的操作方法

在使用"360 杀毒"软件扫描、处理病毒的过程中，可能会出现"处理失败"的提示，用户可以采取其他的操作方式处理。具体的处理方法参见表 5-2-1。

图 5-2-30 异常提醒设置

表 5-2-1 病毒处理失败的操作方法

错误类型	原因	建议操作
清除失败（压缩文件）	感染病毒的文件存在于压缩文档中。"360 杀毒"软件暂时无法支持 RAR、CAB、MSI 及系统备份卷类型的压缩文档	解压文档，重新扫描清除
清除失败（密码保护）	对于有密码保护的文件，"360 杀毒"软件无法将其打开进行病毒清理	去除文件的保护密码，再杀毒或直接删除该文件
清除失败（正被使用）	文件正在被其他应用程序使用，"360 杀毒"软件无法清除其中的病毒	退出使用该文件的应用程序，重新扫描清除

 实训操作

1. 使用"360 杀毒"软件扫描计算机操作系统所在磁盘分区。
2. 设置"360 杀毒"软件升级方式，并记录在表 5-2-2 中。

表 5-2-2 "360 杀毒"软件升级方式记录表

自动升级设置	其他升级设置

任务评价

在完成本次任务的过程中，我们学会了使用工具软件防治与查杀计算机病毒，请对照表 5-2-3 进行评价与总结。

表 5-2-3 评价与总结

评价指标	评价结果				备注
1. 会使用工具软件维护计算机安全	□A	□B	□C	□D	
2. 会使用防火墙软件防护网络安全	□A	□B	□C	□D	
3. 会使用杀毒软件查杀计算机病毒	□A	□B	□C	□D	
4. 能够积极主动交流学习成果,并帮助他人	□A	□B	□C	□D	
5. 能够感受到工具软件给生活、学习和工作带来的便捷	□A	□B	□C	□D	

综合评价:

任务三　防护文件安全

 ## 情景故事

　　明琴是某中职学校会计电算化专业毕业,凭借其过硬的专业技术,进入一家企业从事会计工作。单位的财务账目实行信息化管理,财务信息安全是财务人员工作中的头等大事。

　　明琴的办公计算机除了设置开机密码外,还要对一些财务数据文件夹和文件进行加密,以防止财务数据被窃或丢失给单位带来无法估量的损失。

　　在本任务中,将使用计算机的 BIOS 程序、操作系统设置密码;使用"文件夹加密超级大师"软件加密文件夹和文件;使用"精品数据恢复"软件恢复数据。

 ## 任务目标

　　1. 学会使用 BIOS 程序设置开机密码。
　　2. 学会设置操作系统登录密码。
　　3. 学会使用工具软件加密文件夹和文件。
　　4. 尝试使用工具软件恢复数据。
　　5. 能够感受到工具软件给生活、学习和工作带来的便捷。

 ## 任务准备

　　1. 了解 BIOS 程序
　　基本输入输出系统(Basic Input Output System,BIOS)是一组固化到计算机主板上一个 ROM

芯片上的程序,保存着计算机最重要的基本输入输出、系统设置信息和开机后自检和系统自启动的程序,其主要功能是为计算机提供最底层的、最直接的硬件设置与控制。

当用户进入 BIOS 程序,设置 COMS 相关参数后,即使计算机关机后,系统也通过一块后备电池向 CMOS 供电以保存其中的信息。在开机时按下一个或一组键即可进入其设置界面,如图 5-3-1 所示。设置 CMOS 参数的过程,习惯上也称为"BIOS 设置"。新购的计算机或新增了部件都需进行 BIOS 设置。

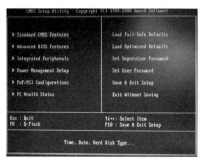

图 5-3-1　BIOS 程序界面

因此,使用 BIOS 程序设置了开机密码后,计算机开机后进行自检前就需要输入密码,如图 5-3-2 所示,否则就不能启动计算机。当然,若用户设置了不正确的 CMOS 信息,也会导致系统性能降低、零部件不能识别,并由此引发一系列的软硬件故障。

📢 小提示:计算机初学者,经常将 CMOS 与 BIOS 混淆。CMOS 是电脑主板上一块特殊的 RAM 芯片,是系统参数存放的地方,而 BIOS 程序是完成参数设置的手段。因此,准确的说法应是通过 BIOS 设置程序对 CMOS 参数进行设置。

图 5-3-2　开机密码输入框

2. 获取"文件夹加密超级大师"软件

"文件夹加密超级大师"是一款易用、安全、可靠、功能较强的文件夹加密软件。该软件采用比较先进的加密算法和文件系统底层驱动,使加密后的文件和文件夹达到较高的加密强度,并且还能够防止被删除、复制和移动等操作,受到用户青睐。

获取"文件夹加密超级大师"软件可以在"夏冰软件"网站下载,然后根据安装提示完成软件的安装,安装后即可使用。启动软件,其操作界面如图 5-3-3 所示。

3. 获取"精品数据恢复"软件

"精品数据恢复"软件采用硬盘数据恢复原理技术,在内存中读出原始的扇区数据,按分区

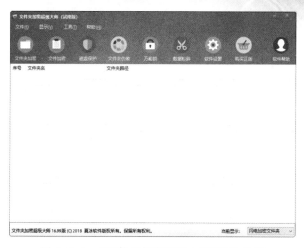

图 5-3-3　"文件夹加密超级大师"软件界面

目录文件的层次在内存中建立出数据目录,将文件按目录文件名的结构恢复到另外一块磁盘,数据恢复的效果很好,整个扫描数据重建目录的过程都以只读的方式,不会破坏源盘数据。

"精品数据恢复"软件能恢复被直接误删除的文件、清空"回收站"删除的文件、误格式化的盘符、分区丢失(分区表破坏、重新分区、删除分区)、分区损坏(DBR 破坏、变成 RAW 分区、根目录损坏、无法读取、双击盘符提示格式化)、盘符变空(U 盘插拔后根目录消失但是已用空间还在)、加密软件弄丢的文件、CHKDSK 丢失的文件、重装系统忘记备份"我的文档"和"桌面"的资料等情况。

"精品数据恢复"软件支持 Windows 常见的文件系统的恢复,FAT、FAT32、NTFS、exFAT 都能完好地达到文件名恢复;支持各种接口的硬盘、移动硬盘、U 盘、SD 卡、手机内存卡等文件恢复。在"精品数据恢复"官网下载该软件,然后根据安装提示完成软件的安装,安装后即可使用。启动该软件,其操作界面如图 5-3-4 所示。

图 5-3-4　"精品数据恢复"软件界面

任务设计

活动一 设置系统密码

活动描述

为了确保工作计算机安全,明琴必须对自己的计算机设置开机密码、操作系统启动密码和用户登录密码。

活动分析

一般主板上的 BIOS 程序都提供开机密码设置功能,而 Windows 操作系统的各个版本都有操作系统启动密码和用户登录密码设置。不需要借助第三方软件即可完成密码设置。虽然密码设置简单,但是用户一定要记住所设置的密码,否则不能使用计算机。

活动展开

1. 设置开机密码

① 打开计算机主机箱中的电源开关,启动计算机。

② 按 Del 或 Delete 键,进入 BIOS 程序界面。

③ 移动键盘上的方向键,选择"Advanced BIOS Features"选项,如图 5-3-5 所示。

④ 按 Enter 键,打开"Advanced BIOS Features"对话框。

⑤ 选择"Password Check"选项,并按 Enter 键,打开选项设置对话框。

⑥ 选择"System"选项,如图 5-3-6 所示。

⑦ 按 Esc 键,返回主界面。

📢 小提示:在"Password Check"选项下有"System"和"Setup"两个设置值。设置为"System"时,开机进入操作系统和 BIOS 程序均需要输入密码;设置为"Setup"时,进入 BIOS 程序时需要输入密码。

图 5-3-5 选择设置选项

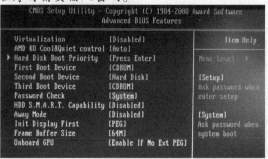

图 5-3-6 设置选项

⑧ 选择"Set Supervisor Password"选项，按 Enter 键，打开密码设置输入框。

⑨ 在"Enter Password"文本框中输入密码，如图5-3-7 所示，按 Enter 键。

⑩ 弹出"Confirm Password"文本框，再次输入密码，按 Enter 键。

⑪ 按 F10 键保存设置。

📢 小提示：重新启动计算机时，即可弹出图5-3-2所示的密码输入框。

图 5-3-7　设置密码

2. 设置系统登录密码

① 在 Windows 10"桌面"上单击"开始"→"设置"命令，打开"Windows 设置"窗口，如图 5-3-8 所示。

② 在"Windows 设置"对话框中，单击"登录选项"。

📢 小提示：用户设置的"账号"是登录 Windows 10 操作系统的账号。

图 5-3-8　"Windows 设置"窗口

③ 单击"登录选项"按钮，展开"登录选项"对话框。

④ 单击"密码"下方的"更改"按钮，如图5-3-9 所示。

📢 小提示：本界面是用户已经设置了账号和密码的界面，如果是首次设置登录密码，界面略有差别。

图 5-3-9　启用加密

⑤ 在"更改密码"对话框的"当前密码"文本框中输入原密码。

⑥ 单击"下一步"按钮，如图 5-3-10 所示。

⑦ 在"新密码""重新输入密码"文本框中输入新密码。

⑧ 在"密码提示"文本框中输入问题提示，如图5-3-11 所示。

⑨ 单击"下一步"按钮，完成密码更改。

📢 小提示：除了设置 Windows 10 账户和密码登录外，用户还可以设置"PIN""图片"及"动态锁"等多种方式登录操作系统。

图 5-3-10　输入原密码

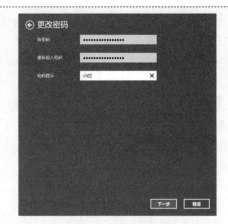

图 5-3-11　输入启动密码

1. 设置 BIOS 程序密码

使用 BIOS 程序可以设置开机密码,也可以给 BIOS 程序设置密码。设置密码后,进入 BIOS 程序界面后,提醒用户输入密码,若不能输入正确的密码,就只能看到程序操作界面,不能使用该程序设置 COMS 参数,有效防止了非本机用户修改 COMS 参数改变计算机的设置。

操作时,启动计算机,按 Delete 键,进入 COMS 参数设置界面,移动键盘上的方向键,选择"Set User Password"选项,按 Enter 键,打开密码输入文本框。在该对话框中输入密码,如图 5-3-12 所示,按 Enter 键,在弹出"Confirm Password"文本框中再次输入密码,按 Enter 键,即可完成密码设置,按 F10 键保存所设置的密码。

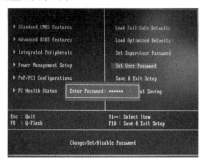

图 5-3-12　设置 BIOS 程序操作密码

当下一次启动计算机、进入 COMS 参数设置界面时,会提示输入密码。当用户密码输入正确时,方可进行 COMS 参数的设置与修改。

当用户需要取消密码设置时,选择"Set User Password"选项,按 Enter 键,打开密码输入文本框,直接按 Enter 键即可清除密码。

2. 设置 Windows 10 其他登录账号和密码

Windows 操作系统是一个多用户操作系统,可以设置多个账户分别登录,进行不同的操作。

操作时,打开"控制面板"中的"用户账户",在"用户账户"窗口中可以进行创建、修改账户等操作,如图 5-3-13 所示。

图 5-3-13 "用户账户"窗口

小提示:在"用户账户"对话框中,用户可以创建新账户,更改、删除已有账户或密码。其操作方法简单,在此不再一一介绍。

实训操作

1. 在 COMS 参数设置中设置开机密码,启动成功后,清除开机密码设置。
2. 尝试设置以密码、PIN 码或图片密码登录操作系统,并与同学们进行交流。

活动二　加密文件夹

活动描述

明琴在使用计算机制作相关财务文件后,都会按照公司要求将文件进行加密,以防止丢失或泄密。

活动分析

使用"文件夹加密超级大师"软件就能够实现对文件和文件夹的加密操作。在操作的过程中,只需要选择相关选项,即可在短时间内完成任务。

活动展开

1. 加密文件夹

① 启动"文件夹加密超级大师"软件,进入软件操作界面。

② 单击"文件夹加密"按钮,打开"浏览文件夹"对话框,在该对话框中选择需要加密的文件夹,如"图片"文件夹,如图 5-3-14 所示。

③ 单击"确定"按钮。

④ 在"加密文件夹图片"对话框的"加密密码"文本框中输入密码文件。

⑤ 在"再次输入"文本框中再次输入密码。

⑥ 单击"加密"按钮,加密"图片"文件夹,如图 5-3-15 所示。

小提示:加密后的文件夹图标会改变原来的形状和颜色。

图 5-3-14　选择加密文件夹

图 5-3-15　选项启动选项

2. 解密文件夹

① 启动"文件夹加密超级大师"软件,进入软件操作界面。

② 选择加密文件夹(或文件)列表中的文件,弹出请输入密码的提示框。

③ 在"密码"文本框中输入密码,如图 5-3-16 所示。

④ 单击"解密"按钮,使文件夹恢复原来状态。

📢 小提示:当单击"打开"按钮时,即可在临时文件夹中打开,不使用文件时,仍然处于加密状态。

图 5-3-16　解密文件夹

拓展提高

1. 了解加密选项

"文件夹加密超级大师"软件提供了"闪电加密""隐藏加密""全面加密""金钻加密"和"移动加密"等几种加密类型。操作时,用户可以根据实际需要,在"加密文件夹图片"对话框中单击"加密类型"下拉列表,选择加密类型,如图 5-3-17 所示。

(1)闪电加密。"闪电加密"类型能够瞬间加密用户计算机中的文件夹,无大小限制。加密的文件能够防止复制、删除等操作,并且不受系统影响,使重装、Ghost 还原、DOS 和安全模式下,加密的文件夹依然保持加密状态,在任何环境下通过其他软件都无法解密。

(2)隐藏加密。"隐藏加密"类型加密文件夹的速度和效果与闪电加密相同,且加密后的文件夹若不通过本软件则无法找到和解密。

(3)全面加密。"全面加密"类型将文件夹中的所有文件一次全部加密,使用时需要某文件就打开某文件,方便安全。

(4)金钻加密。"金钻加密"类型将文件夹打包加密成加密文件。

（5）移动加密。"移动加密"将文件夹加密成 EXE 可执行文件。用户可以将重要的数据以这种方法加密后,在没有安装本软件的计算机上使用。

2. 了解文件夹伪装

"文件夹加密超级大师"软件可以将文件夹伪装成"回收站""CAB 文件""打印机"或其他类型的文件等。当打开伪装文件时,打开的是伪装系统对象或文件而不是伪装前的文件夹。操作时,单击"文件夹伪装"按钮,打开"浏览文件夹"对话框,选择需要伪装的文件夹,单击"确定"按钮。在"请选择文件夹的伪装类型"对话框中选择某一种类型,单击"确定"按钮即可伪装文件夹,如图 5-3-18 所示。解除伪装文件时,单击右键,选择"解除伪装"命令即可解除。

图 5-3-17　加密类型列表

图 5-3-18　伪装文件夹

3. 了解磁盘保护

"文件夹加密超级大师"软件可以将计算机中的磁盘分区隐藏起来,达到保护该磁盘分区的目的。操作时,单击"磁盘保护"按钮,打开"磁盘保护"对话框,如图 5-3-19 所示。在该对话框中,单击"添加磁盘"按钮,打开"添加磁盘"对话框,如图 5-3-20 所示。单击"磁盘"选项列表中的磁盘分区,然后单击"确定"按钮,即可将磁盘保护起来。

图 5-3-19　"磁盘保护"对话框

小提示:对磁盘分区设置保护后,在操作系统"我的电脑"中就看不到该磁盘驱动器,而是被隐藏起来。要取消保护时,在"磁盘保护"对话框中选择该磁盘分区,单击"取消保护"按钮即可。

4. 了解万能锁

"文件夹加密超级大师"软件的"万能锁"功能可以把计算机中的文件、文件夹或磁盘分区锁起来,不让用户操作。设置时,单击"万能锁"按钮,打开"文件、文件夹、磁盘加锁解锁"对话框,单击"浏览"按钮,添加需要加锁的对象(如 D 盘),单击"加锁"按钮,如图 5-3-21 所示。

图 5-3-20　"添加磁盘"对话框

图 5-3-21　加锁磁盘

　　5. 了解数据粉碎

　　"文件夹加密超级大师"软件的"数据粉碎"功能可以把计算机中需要彻底删除的文件、文件夹删除。该功能删除的数据不可以恢复。设置时,单击"数据粉碎"按钮,打开"浏览文件和文件夹"对话框,选择需要删除的对象,单击"确定"按钮,如图 5-3-22 所示,弹出提示框,用户需要再次确认后方可执行。

图 5-3-22　粉碎文件

实训操作

　　1. 使用"文件夹加密超级大师"软件加密、解密文件夹。

　　2. 使用"文件夹加密超级大师"软件保护计算机中某个磁盘分区。

　　3. 使用"文件夹加密超级大师"软件伪装文件夹。

活动三　恢复数据

活动描述

　　明琴不小心将最近几天保存到 U 盘的会议照片误删除了。这些照片是公司的重要资料,明琴非常伤心,有什么方法可以挽救这笔损失呢?

活动分析

　　使用"精品数据恢复"软件可以将删除的数据恢复。在操作过程中,只需要选择相关选项,耐心等待几分钟即可完成任务。

活动展开

① 启动"精品数据恢复"软件,进入软件操作界面。

② 单击"反删除恢复"按钮,如图5-3-23所示。

③ 选择需要恢复文件所在的磁盘分区(如E盘)。

④ 单击"下一步"按钮,如图5-3-24所示,扫描文件。

小提示:扫描文件过程没有结束不要关闭正在扫描文件对话框,等待扫描完成后,自动关闭对话框。

图5-3-23 选择恢复选项

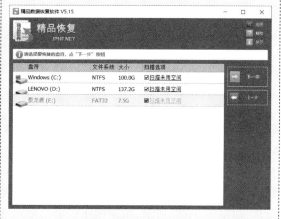

图5-3-24 选项扫描选项

⑤ 选择需要恢复的文件夹。

⑥ 单击"恢复文件"按钮,开始恢复文件,如图5-3-25所示。

小提示:恢复文件完成时,软件会提供恢复报告,单击"完成"按钮,然后打开恢复文件所在的磁盘分区,查看恢复结果。

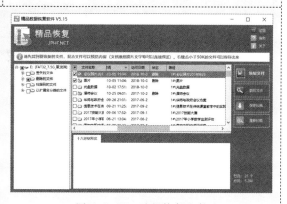

图5-3-25 选择恢复文件

拓展提高

1. 了解"格式化恢复"

"精品数据恢复"软件的"格式化恢复"功能能够将快速格式化、完全格式化的分区或重装系统中需要恢复的数据(如"桌面"和"我的文档")进行恢复。操作时,单击"格式化恢复"按钮,打开"格式化恢复"对话框,选择删除文件的磁盘分区(如图5-3-26所示),根据提示即可扫描到已经删除的文件,然后尝试恢复即可。

图 5-3-26　格式化恢复

2. 了解"分区恢复"功能

"精品数据恢复"软件"分区恢复"功能能对以下情况进行恢复:在磁盘管理里面删除分区、MBR 分区表破坏、GPT 分区表破坏、一键 Ghost 成 4 个分区、删除分区后又重新划分分区大小、盘符打不开、提示未格式化、分区变成 RAW 分区、分区变成 0 字节、打开分区的时候提示根目录损坏且无法读取等。操作时,单击"分区恢复"按钮,打开"分区恢复"对话框,选择删除文件的磁盘分区,如图 5-3-27 所示,根据提示即可扫描到已经删除的文件,然后尝试恢复即可。

图 5-3-27　分区恢复

3. 了解"全面恢复"功能

"精品数据恢复"软件的"全面恢复"功能能够对用户不清楚文件丢失或其他复杂数据丢失的情况进行恢复。操作时,单击"全面恢复"按钮,打开"全面恢复"对话框,单击"下一步"按钮,如图 5-3-28 所示,根据提示即可扫描到已经删除的文件,然后尝试恢复即可。

图 5-3-28　全面恢复

小提示：在恢复文件操作的过程中，"扫描"数据是一个费时的过程。因此，在扫描过程中，若一段时间内不能完成扫描，可以将扫描的结果以文件的方式保存下来，下次操作时，导入扫描文件即可。

4. 了解其他数据恢复软件

（1）"超级硬盘数据恢复"软件。"超级硬盘数据恢复"软件是一款性能较高的硬盘文件恢复软件，采用最新的数据扫描引擎，从磁盘底层读出原始的扇区数据，经过高级的数据分析算法，把丢失的文件夹和文件在内存中重建出原分区和原来的文件夹结构。

该软件可以恢复被删除、被格式化、被分区丢失的数据，支持 IDE、SCSI、SATA、USB 移动硬盘、SD 卡、U 盘、RAID 磁盘等多种存储介质和 FAT、FAT32、NTFS 等 Windows 操作系统常用的文件系统格式。还具有 Word、Excel、PowerPoint、AutoCAD、CorelDRAW、Photoshop 等多种文件的修复功能。操作简单，向导式的界面（如图 5-3-29 所示）让用户无须了解数据恢复深层复杂的算法也可以轻松恢复出丢失的文件数据。在其官网可下载该软件。

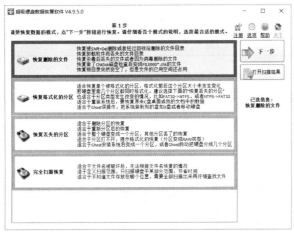

图 5-3-29　"超级硬盘数据恢复"软件界面

（2）EasyRecovery（易恢复）。中文版是一款功能较强的硬盘数据恢复工具。能够帮助用户恢复丢失的数据以及重建文件系统。EasyRecovery 软件不会向用户的原始驱动器写入任何数据,而主要是在内存中重建文件分区表使数据能够安全地传输到其他驱动器中。用户可以从被病毒破坏或是已经格式化的硬盘中恢复数据。

用户可以在"易恢复"官网下载 EasyRecovery 软件,然后根据安装提示完成软件的安装,安装后即可使用。启动软件,其操作界面如图 5-3-30 所示。

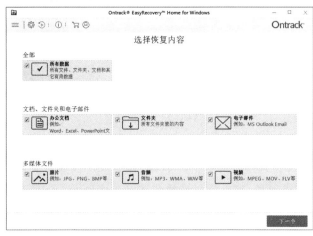

图 5-3-30　EasyRecovery 软件界面

 实训操作

1. 使用"精品数据恢复"软件恢复磁盘分区中被删除的文件。
2. 尝试其他数据恢复软件,比较其异同,记录在表 5-3-1 中,并与同学进行交流。

表 5-3-1　评选"优秀"数据恢复软件

软件名称	性质	比较
	□共享 □免费 □其他	
	□共享 □免费 □其他	

任务评价

在完成本次任务的过程中,我们学会了使用工具软件防护文件安全,请对照表 5-3-2 进行评价与总结。

表 5-3-2　评价与总结

评价指标	评价结果	备注
1. 会设置计算机开机、系统启动密码	□A □B □C □D	

评价指标	评价结果	备注
2. 会用工具软件加密文件夹	□A　□B　□C　□D	
3. 能够使用工具软件恢复磁盘数据	□A　□B　□C　□D	
4. 能够积极主动展示学习成果,并帮助他人	□A　□B　□C　□D	
5. 能够感受到工具软件给生活、学习和工作带来的便捷	□A　□B　□C　□D	

综合评价:

郑重声明

高等教育出版社依法对本书享有专有出版权。任何未经许可的复制、销售行为均违反《中华人民共和国著作权法》,其行为人将承担相应的民事责任和行政责任;构成犯罪的,将被依法追究刑事责任。为了维护市场秩序,保护读者的合法权益,避免读者误用盗版书造成不良后果,我社将配合行政执法部门和司法机关对违法犯罪的单位和个人进行严厉打击。社会各界人士如发现上述侵权行为,希望及时举报,本社将奖励举报有功人员。

反盗版举报电话　(010)58581999　58582371　58582488
反盗版举报传真　(010)82086060
反盗版举报邮箱　dd@hep.com.cn
通信地址　北京市西城区德外大街4号
　　　　　高等教育出版社法律事务与版权管理部
邮政编码　100120

防伪查询说明

用户购书后刮开封底防伪涂层,利用手机微信等软件扫描二维码,会跳转至防伪查询网页,获得所购图书详细信息。也可将防伪二维码下的20位密码按从左到右、从上到下的顺序发送短信至106695881280,免费查询所购图书真伪。

反盗版短信举报

编辑短信"JB,图书名称,出版社,购买地点"发送至10669588128

防伪客服电话

(010)58582300

学习卡账号使用说明

一、注册/登录

访问 http://abook.hep.com.cn/sve,点击"注册",在注册页面输入用户名、密码及常用的邮箱进行注册。已注册的用户直接输入用户名和密码登录即可进入"我的课程"页面。

二、课程绑定

点击"我的课程"页面右上方"绑定课程",正确输入教材封底防伪标签上的20位密码,点击"确定"完成课程绑定。

三、访问课程

在"正在学习"列表中选择已绑定的课程,点击"进入课程"即可浏览或下载与本书配套的课程资源。刚绑定的课程请在"申请学习"列表中选择相应课程并点击"进入课程"。

如有账号问题,请发邮件至:4a_admin_zz@pub.hep.cn。